Die Agada der Tannaiten und Amoräer.

Bibelstellenregister.

Nebst einem Anhange:

Namen-Register zur Agada der babylonischen Amoräer.

Von

Dr. Wilhelm Bacher,

Professor an der Landes-Rabbinerschule zu Budapest.

Strassburg.

Verlag von Karl J. Trübner.

1902.

M. DuMont-Schauberg, Strassburg.

Vorwort.

Die sechs Bände, in denen ich die Agada der Tannaiten und Amoräer dargestellt habe, entbehren des wichtigsten Hilfsmittels für ihre Benützung: eines Verzeichnisses der Bibelstellen. Diesem Mangel, auf den mich auch mehrere Freunde meines Werkes aufmerksam gemacht haben, soll das vorliegende Generalregister abhelfen. Ich habe es so ausgearbeitet, dass bei jedem Bibelverse angegeben wird, auf welcher Seite der einzelnen Bände er zu finden ist. Dadurch ist das Register brauchbarer geworden, als wenn jeder Band sein eigenes Bibelstellenregister erhalten hätte. Zur Bezeichnung der Theile meines Werkes habe ich folgende Buchstaben angewendet:

T bezeichnet: Die Agada der Tannaiten. 1884, 1890.

P bezeichnet: Die Agada der palästinensischen Amoräer. 1892, 1896, 1899.

B bezeichnet: Die Agada der babylonischen Amoräer. 1878.

Die römischen Ziffern (I und II bei **T**, I, II und III bei **P**) bezeichnen den Band, die arabischen Ziffern die Seite. Die stets die Zeile beginnende fette Ziffer bezeichnet das Capitel des biblischen Buches, die cursive Ziffer den Vers des Capitels. Nur wenige, ganz bedeutungslose Bibelcitate habe ich unberücksichtigt gelassen; in der Regel ist jede, sei es erläuterte, oder angewendete, oder nur einfach angeführte Bibelstelle, in das Register aufgenommen worden. Zwischen Text und Anmerkungen ist dabei kein Unterschied gemacht. Die — meist in Folge von Druckfehlern — unrichtigen Citate habe ich stillschweigend berichtigt.

Als Anhang gebe ich nachträglich ein Verzeichniss der Tannaiten und Amoräer für den zuerst erschienenen, die Agada der babylonischen Amoräer behandelnden Theil meines Werkes.

Budapest, Mai 1901.

Wilhelm Bacher.

Inhalt.

Genesis בראשית

P III 356

1 **T** I 341 **P** I 412 452 467 II 233 — *1* **T** I 17 62 II 349 **P** I 107 410 555 II 275 293 391 424 III 118 127 358 436 480 — *2* **T** I 86 426 II 341 **P** I 389 II 128 511 III 205 218 367 387 477 617 — *2 f* **P** III 357 — *2-5* **P** I 42 III 179 — *3* **T** II 237 397 **P** II 101 276 III 53 218 — *3-5* **P** II 453 — *4* **P** I 211 II 87 III 205 — *4 f* **P** I 321 — *5* **T** I 36 **P** I 107 327 II 138 III 746 752 **B** 131 — *6* **P** I 31 II 473 III 219 480 **B** 139 147 — *7* **T** I 425 II 33 **P** III 334 — *8* **T** II 166 **P** I 27 169 II 38 III 631 — *9* **P** II 51 70 409 425 III 668 — *11* **T** I 158 II 499 **P** II 525 — *11 f* **P** III 321 438 — *12* **P** III 367 — *14* **P** I 17 II 449 — *16* **P** II 454 III 154 — *17* **P** II 138 — *18* **P** III 561 — *20* **T** I 40 II 511 **P** I 31 III 711 749 — *21* **P** I 268 382 III 129 — *22* **P** III 336 — *24* **T** I 36 II 475 **P** II 38 — *25* **P** I 97 102 III 549 — *26* **P** I 67 183 257 556 II 159 410 III 124 567 570 — *27* **P** I 547 II 118 485 III 585 — *28* **T** I 449 II 403 **P** II 110 III 435 570 **B** 135 — *31* **T** II 10 13 166 432 **P** I 85 321 372 390 417 458 487 II 84 138 203 391 393 III 28 51 250 299 334 486 553 **B** 55.

2 *1* **T** II 237 **P** I 183 184 II 79 — *2* **T** II 107 475 **P** I 108 — *3* **T** II 94 541 **P** I 111 468 492 III 695 — *4* **T** I 17 II 106 237 313 **P** I 328 549 II 359 III 218 480 589 759 — *5* **P** I 19 III 561 — *6* **T** I 136 158 II 237 **P** I 115 383 390 — *6 f* **P** III 596 — *7* **P** I 525 II 441 III 180 250 283 748 **B** 55 76 — *8* **T** II 172 205 268 **P** I 45 502 II 359

510 III 589 — *9* **T** II 172 205 **P** I 19 **B** 135 — *10* **P** I 185 — *12* **P** I 390 II 140 216 III 68 — *15* **T** II 268 **P** III 250 367 — *15 f* **T** II 426 — *16* **T** II 21 473 **P** II 36 115 307 316 III 570 **B** 65 — *17* **P** I 169 — *18* **T** II 163 **P** II 22 — *19* **T** I 36 40 II 511 — *19-22* **P** III 124 — *21* **T** I 87 II 166 **P** I 361 547 II 159 314 360 III 553 682 — *22* **T** II 108 404 **P** I 115 II 121 309 III 413 **B** 67 — *23* **P** II 446 III 472 — *24* **P** I 17 — 25 **T** II 316 **P** II 79 III 570.

3 *1* **P** I 102 263 III 547 563 — *1 f* **P** III 586 — *3* **P** I 54 — *5* **P** II 360 III 468 — *6* **P** I 113 560 II 310 III 66 526 — *7* **T** I 36 339 II 108 **P** II 253 338 489 III 413 — *8* **T** II 337 **P** II 253 360 489 III 66 640 760 — *9* **T** I 278 **P** I 429 — *10* **P** III 129 — *11* **P** II 417 — *12* **P** II 489 III 579 — *14* **T** I 172 II 49 463 **P** I 97 561 II 38 83 339 III 250 562 — *14 f* **P** I 102 — *15* **T** II 178 — *16* **T** I 370 **P** I 525 **B** 65 — *16 f* **P** I 327 — *17* **T** II 182 449 **P** II 168 491 III 414 438 588 — *18* **T** II 444 **P** I 156 II 213 — *19* **T** II 145 **P** II 140 360 — *20* **T** II 432 **P** II 46 450 III 125 — *21* **T** I 129 II 10 316 **P** I 268 384 432 449 502 559 II 307 III 570 591 **B** 39 — *22* **T** I 325 II 269 **P** I 263 391 II 490 III 92 180 297 — *24* **T** II 402 **P** I 297 484 II 85 254.

4 *1* **T** I 62 **P** II 490 — *2* **P** I 263 — *4* **P** I 431 III 597 — *7* **T** II 302 376 384 **P** II 443 518 III 745 — *8* **T** II 332 **P** I 50 278 II 339 III 66 716 — *10* **P** I 51 III 250 **B** 55 — *11* **T** II 331 **P** I 51 — *12* **P** I 432 — *14* **P** I 134 — *15* **T** II 244 **P** II 339 III 92 723 — *16* **T** II 404 **P** I 50 III 682 — *17* **P** III 329 — *18* **P** I 156 — *19* **P** III 174 — *21* **P** I 375 — *22* **P** II 339 485 — *23* **T** I 250 **P** I 217 268 442 II 234 — *25* **P** I 549 — *26* **T** II 165 **P** II 466 III 141.

5 *1* **T** I 420 II 231 **P** II 21 III 168 481 570 — *2* **P** III 560 — *24* **T** II 167 **P** II 115

III 66 549 — *29* **P** I 279 441 II 51 — *32* **T** II 303 **P** II 188 III 247 661.

6 *1* **P** I 297 II 467 — *2* **T** II 106 348 508 **P** I 19 II 149 III 251 — *3* **T** I 361 365 405 II 60 177 411 432 476 **P** I 268 375 II 19 20 23 188 284 530 III 68 129 298 305 **B** 85 — *4* **P** I 278 503 III 125 130 716 — *5* **P** I 354 II 61 213 — *5-7* **P** I 488 — *6* **T** II 245 319 **P** I 170 II 140 159 360 III 68 544 692 — *7* **P** II 65 450 III 267 337 368 — *8* **T** II 344 **P** I 323 II 124 454 465 485 — *9* **T** II 269 **P** I 262 263 278 385 542 III 437 661 — *11* **T** II 349 **P** II 361 — *12* **P** I 268 — *13* **P** I 22 227 III 610 — *14* **T** II 445 **P** II 254 **B** 35 — *15* **T** II 245 **P** III 267 661 — *16* **T** II 245 **P** I 279 II 234 340 482 — *17* **P** I 256 — *18* **P** II 188 III 41 — *19* **P** I 103 — *21* **P** II 340 485.

7 *1* **T** I 228 **P** III 585 597 — *2* **P** I 68 — *4* **T** I 36 II 126 — *6* **T** II 237 — *8* **P** I 134 — *11* **T** I 157 337 396 **P** I 297 II 38 361 — *13* **P** I 279 — *15* **P** II 308 — *16* **P** II 119 410 III 364 — *17* **P** II 340 — *18* **P** II 340 — *19* **P** I 67 — *20* **T** II 245 — *21* **P** III 364 — *22* **P** II 748 — *23* **T** II 303 321 **P** I 384 III 368 414.

8 *1* **P** I 489 — *2* **P** II 38 — *7* **P** II 485 III 180 — *8* **P** III 587 — *10* **P** I 432 — *11* **P** II 340 III 66 368 428 — *16* **T** II 213 **P** III 41 75 — *18* **T** II 269 — *19* **P** I 268 III 77 321 — *20* **T** I 69 — *21* **T** II 530 **P** I 132 III 251 300 771 — *22* **T** II 39 **P** I 380 551 II 339 III 123 130.

9 *1* **P** III 336 — *2* **T** II 425 — *3* **P** II 337 III 630 — *4* **P** II 36 — *6* **T** I 236 286 **P** II 434 — *6 f* **T** I 119 — *8* **T** II 269 — *11* **T** II 223 **B** 131 — *12* **P** III 251 — *14* **P** III 205 — *18* **P** III 368 — *20* **P** II 341 III 396 643 — *20-24* **P** I 265 II 188 **B** 65 — *21* **P** III 46 — *22* **P** II 129 — *23* **P** I 254 — *24* **P** III 299 — *25* **T** II 246 **P** III 364 — *27* **T** II 511 **P** I 212 II 253.

10 *2* **P** II 447 III 746 **B** 103 — *3* **P** III 368 — *4* **P**

III 91 — *6* **P** I 375 — *8* **P** II 467 — *9* **P** III 684 — *11* **P** I 375 — *13* **T** II 316 — *14* **P** II 482 — *18* **P** I 51 — *19* **P** II 39 — *21* **P** III 472 — *25* **T** II 178 **P** III 130.

11 **P** I 268 II 501 III 368 387 — *2* **T** II 246 404 **P** II 254 — *3* **P** III 283 386 — — *4* **T** II 449 **P** III 586 — *5* **P** III 368 — *6* **T** II 246 **P** II 417 467 490 — *7* **T** II 147 **P** I 257 — *7 f* **P** III 586 — *8* **T** II 246 **P** III 251 — *10-27* **P** II 470 — *12* **T** II 511 — *14* **T** II 511 — *27* **P** II 507 — *29* **P** II 242 — *30* **P** II 331 **B** 81 — *32* **P** II 240.

12 *1* **T** II 270 299 **P** I 269 II 240 276 341 361 401 III 93 156 387 735 — *2* **P** I 23 391 II 188 342 401 III 58 251 321 336 369 388 438 — *2 f* **P** III 648 — *3* **P** I 155 II 33 60 401 III 40 — *5* **P** I 114 366 405 III 284 — *7* **P** II 52 342 — *8* **P** II 14 — *10*-**13** *3* **P** I 103 — *10* **P** I 170 II 401 III 676 — *12* **P** II 450 — *14* **P** II 242 — *15* **P** I 297 II 401 — *16* **P** III 56 82 — *17* **T** II 291 **P** I 61 II 342 III 130 359 437 617 — *20* **P** I 170.

13 *3* **P** I 425 III 698 — *5* **P** III 776 — *7* **P** III 174 — *8* **P** III 175 — *9* **P** I 323 III 58 682 — *10* **T** II 116 **P** II 408 — *11* **P** III 772 — *13* **T** I 141 II 206 — *14* **T** II 270 370 **P** I 114 II 80 — *16* **T** II 331 — *16 f* **P** II 267 — *17* **P** II 46 455 III 714 — *18* **P** II 52.

14 **T** I 125 — *1* **P** I 269 539 II 326 391 401 III 76 319 487 697 724 **B** 30 38 — *2* **T** II 38 — *3* **P** III 67 — *4* **T** II 172 332 — *7* **P** III 130 — *10* **T** II 246 — *11* **T** II 247 — *13* **T** II 121 247 511 — *14* **T** II 270 298 511 **P** I 297 375 II 29 361 III 534 **B** 39 — *15* **P** I 114 330 II 254 III 321 — *16* **P** III 248 — *17* **P** I 510 II 486 — *18* **P** I 525 II 361 507 III 768 — *19* **P** II 241 490 — *20* **P** III 180 251 284 **B** 55 — *21* **P** I 258 — *22* **T** II 247 — *23* **P** III 296 532 **B** 118 — *24* **P** III 257 522.

15 **T** II 298 — *1* **P** I 469 II 241 272 362 **B** 55 — *2* **T** II 511 **P** I 325 II 67 362 508

— *4* **P** I 116 **B** 55 — *5* **T** I 200 **P** I 264 279 432 II 129 362 III 46 131 369 **B** 13 — *7* **P** III 381 **B** 69 — *8* **T** II 115 **P** I 163 458 — *9* **T** I 346 II 126 247 — *10* **T** I 193 **P** II 327 — *11* **P** II 169 III 548 — *12* **P** I 498 III 741 — *13* **T** II 474 **P** II 186 493 III 251 — *14* **P** I 117 III 58 130 256 — *15* **P** II 125 490 III 770 — *16* **T** II 474 — *17* **T** II 347 449 **P** I 170 249 — *18* **T** I 37 **P** I 502 II 67 362 — *19* **T** II 39 108 206 287 — *19-21* **P** II 226 — *20* **P** I 503.

16 *1* **T** II 115 248 — *2* **P** III 237 — *4* **P** III 735 — *5* **P** I 265 II 188 310 507 III 89 180 414 — *6* **P** II 486 III 647 — *7-11* **P** I 443 — *11* **P** II 284 — *12* **P** I 269 375 — *13* **P** I 525 III 69.

17 **T** I 261 — *1* **T** I 300 II 269 287 470 **P** I 94 411 II 292 411 III 269 661 — *2* **P** III 555 — *3* **P** II 363 — *5* **T** II 203 298 512 **P** I 112 II 335 III 301 745 — *7* **B** 143 — *7 f* **P** III 245 — *8* **P** III 245 — *9* **P** II 335 — *11* **T** II 512 — *13* **T** I 246 247 — *14* **T** II 172 **P** I 430 — *15* **T** II 315 — *15 f* **P** II 214 — *16* **T** II 237 **P** I 391 432 471 — *17* **P** II 363 III 252 459 — *18* **P** III 205 — *19* **P** II 283 III 126 — *26* **P** I 279 II 491 III 369 — *27* **P** III 131.

18 *1* **P** I 449 II 85 363 392 451 III 472 — *1 f* **P** III 438 — *2* **P** I 19 II 124 342 365 — *3* **T** I 199 — *4* **P** III 547 573 — *4-8* **P** II 19 80 — *5* **P** II 225 284 III 131 — *6* **P** II 255 III 564 — *7* **P** II 363 **B** 32 — *8* **T** II 18 340 **P** I 83 III 438 — *9* **T** II 182 431 **P** I 432 II 255 III 459 — *10* **P** II 309 — *11* **P** II 159 — *12* **P** III 180 — *13* **T** II 338 **P** I 10 — *14* **P** III 206 640 — *15* **T** II 404 507 — *17* **P** I 170 511 II 276 342 III 206 320 — *18* **P** I 201 404 II 33 III 131 — *19* **T** II 90 533 **P** I 201 II 186 III 180 576 — *20* **P** I 19 297 II 80 342 **B** 15 — *21* **P** II 491 — *22* **T** II 205 **P** II 446 457 — *23* **T** II 248 **P** II 342 — *24* **P** I 265 III 131 305 — *24 f* **P** II 189 — *25* **P** I 170 II 363 398 491 III 132 156 172 206

434 — *26* **B** 135 — *27* **B** 118 — *28* **P** II 189.

19 *1* **P** I 19 201 II 241 — *2* **P** III 252 284 **B** 55 — *5* **P** II 189 — *9* **P** III 668 — *12* **P** III 579 — *13* **P** I 458 546 — *15* **P** I 20 III 776 — *17* **P** II 66 — *19* **P** I 458 468 — *21* **P** III 626 — *23* **P** I 20 II 411 III 28 525 — *24* **T** II 7 36 409 **P** I 413 488 II 82 234 III 181 429 — *25* **P** I 503 — *26* **T** I 186 **P** II 242 — *27* **P** 139 **B** 58 — *29* **P** I 503 — *31* **P** II 458 — *32* **P** I 549 III 175 730 — *37* **P** I 265 — *38* **P** I 298.

20 *1* **P** II 189 III 430 — *3* **P** III 126 **B** 60 — *4* II 342 III 369 — *6* **P** II 417 472 — *7* **P** I 68 470 — *8* **P** III 92 — *9* **P** III 58 — *13* **T** I 393 **P** III 88 92 — *16* **T** II 206 **P** I 269 II 217 343 — *17* **B** 124 — *18* **T** II 291 **P** I 45 II 129 — *18 f* **P** II 363.

21 *1* **T** II 238 248 **P** I 405 II 52 82 118 255 343 III 499 — *2* **P** I 54 II 285 344 — *6* **P** II 343 III 47 — *7* **P** II 343 344 III 126 689 — *8* **P** I 97 II 166 257 343 468 III 181 305 414 — *9* **T** I 252 314 II 209 303 **P** II 343 — *12* **P** II 242 III 252 284 660 — *15* **T** II 40 **P** II 159 — *16* **P** II 234 III 370 — *17* **P** I 183 II 378 454 — *19* **P** III 666 — *20* **T** I 62 — *21* **P** II 242 — *22* **T** II 248 — *25* **P** I 357 — *28* **P** II 401 — *30* **P** III 589 — *33* **P** I 376 385 III 181 459 741.

22 *1* **T** I 311 **P** I 114 III 430 — *2* **T** II 99 299 **P** III 126 252 322 735 — *3* **T** II 131 **P** II 109 III 67 — *4* **P** II 234 — *4 f* **P** II 294 — *5* **P** I 170 232 II 141 283 — *8* **P** III 422 — *9* **P** III 685 — *10* **T** II 126 341 **P** I 20 — *11* **T** II 286 **P** II 507 III 415 — *12* **P** III 126 690 — *13* **T** II 541 **P** II 429 III 181 322 682 — *14* **P** I 280 II 451 III 379 — *16* **P** I 470 III 93 375 — *19* **P** I 23 III 392 — *20* **P** II 193 — *21* **P** I 157 — *23* **P** II 193 — *24* **P** II 255.

23 **P** II 66 — *2* **P** II 241 III 181 459 — *3* **P** II 333 — *4* **B** 145 — *5* **T** I 367 — *9* **B** 39 — *10* **P** II 241 III 322

— *15 f* **P** II 19 — *16* **P** I 18 III 170 438 647.

24 **P** III 118 — *1* **T** I 199 II 40 238 **P** I 280 470 II 67 159 166 276 III 53 132 182 213 336 — *2* **P** II 67 III 47 370 — *3* **P** III 322 — *4* **P** II 234 — *7* **P** III 694 753 — *9* **P** II 236 — *10* **P** II 142 III 58 — *11* **P** III 284 — *12* **P** II 235 — *14* **P** I 83 — *15* **T** II 132 — *16* **P** I 269 — *21* **P** II 233 III 674 — *22* **P** III 300 — *28* **P** I 269 — *29* **P** III 365 — *31* **T** II 389 **P** III 594 — *34* **P** II 234 — *50* **P** II 106 III 673 682 — *55* **P** II 225 — *58* **P** II 235 — *60* **P** II 384 III 69 — *61* **P** II 333 **B** 144 — *63* **P** I 139 III 201 — *64* **P** II 189 III 284 — *66* **P** II 37.

25 *1* **T** I 238 **P** I 471 III 253 364 **B** 124 — *3* **P** I 503 — *5* **T** II 248 **P** III 336 — *6* **P** III 582 — *7* **P** I 129 — *8* **P** I 403 — *9* **P** I 280 — *10* **P** I 511 III 472 — *11* **P** I 449 471 II 467 — *12* **P** II 299 — *16* **P** II 257 — *17* **P** I 269 459 — *19* **P** II 285 343 — *20* **P** II 243 — *21* **T** II 434 **P** I 269 381 II 243 411 — *22* **P** I 270 391 II 244 345 III 284 — *23* **T** II 235 **P** I 115 459 II 344 364 III 58 285 370 **B** 30 — *25* **T** II 167 **P** I 27 201 II 129 226 — *26* **P** II 226 455 — *27* **P** II 124 187 III 684 — *29* **T** I 129 — *29-32* **P** I 280 — *30* **P** I 298 III 719 — *31* **P** III 121 — *34* **P** II 364 **B** 126.

26 *1* **P** III 58 — *2* **P** I 103 III 47 — *3* **P** III 753 — *4* **T** II 40 331 **P** I 146 — *5* **P** I 78 385 II 364 **B** 13 — *11* **P** III 69 — *12* **T** I 129 II 41 **P** II 455 491 III 59 296 — *13* **P** III 93 — *14* **P** III 751 — *19* **P** I 182 — *19-22* **P** III 182 — *26* **T** II 249 — *28* **P** III 397 — *35* **P** II 125.

27 *1* **T** I 239 II 404 **P** II 52 217 276 528 III 213 362 522 — *2* **T** II 310 — *3* **P** II 255 — *5* **P** I 157 — *9* **P** II 364 — *11* **P** II 422 — *12* **P** II 19 — *13* **P** II 235 491 — *15* **T** II 332 **P** II 491 — *18* **P** III 59 — *19* **P** II 364 — *20* **P** I 323 — *22* **T** I 292 **P** III 370 — *27* **P** I 281 III 28 — *28* **P** II 323 III 132 156

336 388 — *29* **T** I 265 **P** III 591 716 — *30* **P** II 124 III 67 — *33* **T** II 249 404 **P** I 281 471 II 52 166 305 III 69 132 370 — *34* **P** III 683 — *35* **P** I 270 — *36* **P** I 376 II 364 III 285 — *37* **P** I 298 391 III 370 — *38* **P** I 391 — *40* **T** II 164 **P** II 365 III 285 436 — *41* **T** II 271 413 **P** II 53 432 III 719 **B** 143 — *42* **P** II 234 — *44* **P** III 556 — *46* **P** III 285.

28 *1* **P** II 52 119 III 336 393 — *5* **P** II 455 — *9* **P** I 157 — *10* **P** I 23 104 157 II 233 528 III 166 201 253 285 371 **B** 55 — *10 f* **P** I 171 — *11* **T** II 271 **P** I 84 115 139 II 235 346 III 674 — *12* **T** II 28 126 405 528 535 **P** I 115 498 546 III 175 371 742 — *12 f* **T** II 517 — *13* **T** II 512 528 **P** I 255 407 II 125 455 III 371 753 — *14* **P** I 443 II 492 — *15* **P** I 97 II 169 III 681 — *17* **T** II 99 **P** III 132 175 — *18* **P** I 385 — *19* **P** II 447 492 — *20* **T** I 111 **P** I 270 486 II 119 129 III 113 — *21* **P** II 365 — *22* **T** II 34 **P** II 332 III 296.

29 *1* **P** III 132 — *2* **P** I 298 433 455 466 — *2 f* **T** II 93 — *11* **P** III 484 — *14* **P** II 159 — *17* **P** I 281 II 67 III 286 **B** 129 — *21* **P** III 69 — *27* **T** II 190 **P** III 713 — *30* **P** III 182 — *31* **P** II 244 486 III 371 — *32* **P** II 53 — *34* **P** III 253 — *35* **P** II 160 402 418.

30 *1* **P** I 136 II 244 309 — *2* **T** II 138 — *8* **P** I 282 — *13* **P** III 472 — *14* **P** II 190 235 III 182 **B** 6 — *15* **T** II 116 **P** I 525 II 52 309 — *16* **T** I 163 **P** I 69 III 596 — *17* **P** I 488 II 129 — *21* **P** I 45 — *22* **P** I 324 489 II 52 III 69 — *23* **P** III 770 — *24* **P** I 45 III 322 — *25* **P** I 78 525 — *27* **P** III 371 — *33* **P** II 307 III 182 — *34* **T** II 530 **P** II 190 — *36* **P** I 376 — *37* **P** III 565 — *42* **P** I 270 III 767 — *43* **P** II 403 492.

31 *3* **P** I 391 — *4* **T** II 329 — *8* **P** III 372 — *12* **P** III 69 566 — *14* **T** II 213 — *19* **P** II 309 — *22* **P** II 126 — *23* **P** II 190 — *24* **P** II 472 — *30* **T** I 246 **P** II 68 III 67 — *32* **T** II 179 **P** II

352 — *34* **P** I 282 — *36* **P** III 590 — *37* **P** II 451 — *42* **P** I 144 III 642 — *43* **P** III 414 — *45* **P** I 281 — *46* **P** III 253 286 **B** 55 — *47* **P** I 251 — *49* **P** II 119 — *51* **P** I 251.

32 *1* **P** III 69 — *2* **P** II 365 — *4* **P** I 78 459 III 84 201 253 297 681 — *5* **P** III 202 — *6* **T** II 249 — *7* **P** I 392 II 346 — *8* **T** I 219 II 206 **P** I 83 III 82 182 253 572 — *9* **P** I 97 — *11* **P** I 325 II 333 482 III 88 — *12* **P** II 346 — *14* **P** II 235 — *16* **T** II 332 **P** II 304 — *19* **P** II 346 — *20* **P** II 455 — *24* **P** III 704 — *25* **T** I 358 **P** I 526 II 20 130 223 III 286 334 372 682 — *26* **T** I 148 II 39 365 **B** 83 140 — *27* **P** III 59 682 — *29* **P** II 133 **B** 99 — *32* **T** I 98 II 115 **P** II 235 III 122 372 — *33* **P** I 20 430 II 37.

33 *1* **P** II 347 — *2* **P** II 346 — *3* **P** II 347 III 682 — *4* **T** II 116 431 **P** I 543 — *5* **P** III 663 — *7* **P** III 415 — *9* **P** II 52 119 — *10* **P** I 371 471 II 418 442 — *11* **P** II 166 — *12* **P** I 526 — *13* **P** II 365 III 133 — *14* **P** II 141 III 246 — *17* **P** II 486 — *18* **P** I 282 II 200 III 388 **B** 40 — *19* **P** II 333 448 483 III 170 — *20* **P** I 392 II 39.

34 *1* **P** II 190 310 392 423 III 435 596 — *2* **P** I 503 — *7* **P** III 485 — *9* **P** II 34 — *14* **T** II 231 — *21* **P** I 413 — *25* **T** I 316 II 538 **B** 41 — *26* **P** III 253 286 **B** 55.

35 *1* **P** II 365 492 — *4* **T** II 408 — *5* **P** I 543 — *7* **P** I 257 — *8* **P** I 443 513 — *9* **P** I 68 II 277 392 — *11* **T** I 312 **P** I 288 299 526 561 III 663 **B** 106 — *17* **T** I 190 — *22* **T** I 440 II 434 **P** I 84 III 210 — *23* **P** I 144 III 133 459.

36 *3* **P** I 157 — *6* **T** II 320 **P** I 158 — *12* **T** II 116 — *20* **P** I 78 **B** 139 — *22* **T** II 116 — *24* **T** I 34 II 332 **P** I 148 III 183 — *31* **P** I 430 II 277 — *31-39* **P** I 167 — *33* **P** II 130 — *36 f* **P** II 228 — *39* **P** II 365 456 — *43* **P** II 149 III 673.

37 *1* **P** I 103 262 III 114 295 — *2* **T** II 41 109 206 **P**

I 542 544 III 175 — *3* **T** II 272 — *3 f* **T** I 236 — *4* **P** III 656 — *7* **P** II 366 456 — *8* **P** II 366 456 — *9* **P** III 675 — *10* **P** I 459 III 372 — *11* **T** II 530 **P** I 459 II 348 — *13* **P** I 471 II 372 — *14* **P** II 522 III 70 — *15* **P** I 42 — *19* **P** II 366 — *20* **P** II 256 — *21* **P** II 53 285 — *23* **P** II 39 — *24* **P** III 133 631 — *25* **T** I 353 **P** II 254 III 266 657 — *26* **T** II 213 **P** I 234 II 399 **B** 55 — *28* **P** I 394 II 486 — *29* **T** I 148 249 — *31* **P** II 469 — *33* **P** III 286 — *34* **P** I 104 III 68 — *35* **T** II 167 250 **P** II 348 — *36* **P** III 254 287 652.

38 **P** II 68 — *1* **T** II 186 **P** I 549 II 68 III 177 — *2* **P** I 376 — *8* **P** II 37 — *10* **P** II 156 — *11* **P** II 25 — *12* **P** I 486 II 71 — *14* **T** II 476 527 **P** I 201 270 — *15* **P** I 68 330 III 760 — *18* **P** III 286 287 — *20* **P** II 46 — *24* **T** II 41 **P** III 439 — *25* **P** I 299 II 53 III 254 287 **B** 55 — *26* **P** II 78 399 **B** 77 — *28* **B** 55 — *28-30* **P** II 254 287.

39 *1* **P** II 54 348 III 207 337 — *2* **P** II 130 III 267 III 393 — *3* **P** II 456 III 422 — *6* **P** II 129 242 — *7* **P** I 487 III 668 — *8* **P** III 438 — *9* **P** III 578 705 — *10* **T** II 167 **P** II 68 — *11* **T** II 250 344 **P** I 290 513 — *12* **P** II 22 160 — *14* **P** II 399 — *17* **T** II 303 — *21* **P** II 130 — *23* **P** III 70 620.

40 *1* **P** I 526 III 564 — *2* **P** I 325 — *5* **P** II 191 — *10* **T** I 95 141 **P** I 171 **B** 7 30 — *11* **P** I 492 — *13* **P** I 492 — *15* **T** I 246 **P** II 399 III 133 — *16* **P** III 547 — *23* **P** III 372.

41 **T** II 296 — *1* **P** I 255 II 191 — *8* **T** II 268 — *12* **P** I 488 — *13* **P** II 26 — *14* **P** I 182 — *30* **T** II 272 — *40* **P** I 392 — *40 f* **T** II 332 — *42* **P** I 299 — *43* **T** I 395 — *45* **P** I 265 III 133 — *47* **P** I 270 — *48* **T** II 250 — *50* **P** I 158 392 — *51* **P** I 282 — *54* **P** III 439 — *55* **P** II 492 — *56* **P** I 526.

42 *1* **P** I 158 400 — *2* **P** II 492 — *3* **P** III 663 — *6* **P** II 408 III 591 — *7* **P** I

270 III 305 — *8* **P** II 333 **B** 67 — *9* **P** I 413 — *15* **P** II 418 — *21* **P** III 591 — *24* **P** II 244 — *28* **P** I 261 II 299 — *36* **P** II 26 — *37* **T** II 476 — *38* **B** 138.

43 *6* **P** I 426 — *7* **P** II 493 — *9* **B** 33 60 — *10* **P** III 642 — *11* **P** II 334 III 631 — *12* **P** II 235 — *14* **P** I 171 — *16* **P** I 299 430 — *29* **P** III 663 — *34* **P** I 443 **B** 97.

44 *8* **T** I 250 — *13* **P** I 104 II 126 256 — *14* **T** II 213 — *16* **P** II 236 334 — *18* **T** II 213 248 **P** I 79 158 II 451 III 91 306 766 — *18-34* **P** II 191.

45 *1* **P** I 472 513 — *3* **T** I 229 — *12* **T** II 518 **P** II 39 — *14* **P** II 54 — *22* **P** II 68 — *23* **P** II 39 655 — *26* **T** II 81 — *27* **P** III 591.

46 *1* **T** II 512 **P** I 125 270 III 248 579 598 741 — *2* **T** II 286 — *4* **P** I 171 II 236 287 III 89 — *6* **P** III 287 — *10* **T** II 250 **P** III 288 — *13* **T** II 34 — *17* **P** III 176 — *23* **T** II 10 **P** I 54 — *27* **P** I 386 504 II 288 III 372 440 — *28* **T** II 235 — *29* **T** II 132 **P** III 68.

47 *2* **P** I 299 **B** 126 — *7* **P** III 390 — *20* **P** III 264 — *21* **P** I 376 — *25* **P** I 527 — *27* **P** I 262 — *28* **P** I 129 — *29* **P** I 187 270 — *30* **P** II 236 **B** 35 — *31* **P** II 40 III 41.

48 *1* **P** I 513 III 213 — *2* **P** I 158 III 133 — *4* **B** 139 — *7* **T** II 50 — *8* **P** I 459 514 — *10* **T** II 238 **P** III 522 — *14* **T** II 251 **P** III 288 — *15* **P** I 299 392 439 III 464 — *16* **P** I 433 487 III 317 643 — *17* **P** III 371 — *19* **P** I 260 501 — *21* **P** III 750 — *22* **T** II 251 **P** III 322.

49 *1* **T** II 476 **P** I 514 II 452 474 III 134 254 322 336 414 697 — *2* **P** II 191 III 254 323 — *3* **P** III 134 434 — *4* **T** I 71 95 132 200 **P** III 103 373 582 772 — *5* **P** I 270 — *6* **P** III 47 — *7* **T** II 376 **P** I 300 III 207 — *8* **T** II 109 213 **P** I 260 III 207 631 — *10* **P** III 372 **B** 35 — *11* **T** II 251 — *12* **P** I 226 **B** 112 — *14* **P** III 134 — *15* **P** I 504 II 40 170 —

16 **P** I 287 III 180 306 — *17* **P** I 288 — *21* **P** II 130 III 134 — *22* **P** II 130 III 83 414 — *24* **P** I 290 415 513 II 256 **B** 84 — *25* **P** II 256 III 535 — *26* **P** I 511 II 494 III 588 — *27* **P** III 323 396 — *28* **P** I 271 III 270 336 373 — *33* **T** I 356.

50 *2* **T** II 483 — *3* **P** II 130 408 — *4* **P** II 366 — *5* **P** I 283 — *7* **P** I 271 III 89 — *10* **T** II 190 **P** I 527 II 54 — *11* **P** I 376 II 126 III 439 — *14* **P** I 271 — *15* **P** II 244 348 III 483 — *16* **T** II 328 403 — *17* **P** I 424 III 415 — *18* **P** II 40 — *21* **P** I 561 II 40 — *25* **P** I 33 III 89 — *26* **P** II 251.

Exodus שמות

1 *1* **P** III 288 — *2-4* **P** II 366 — *5* **T** II 320 — *7* **P** I 68 — *8* **P** II 493 III 426 **B** 39 — *10* **P** I 472 II 482 — *10-12* **P** I 158 — *11* **T** II 405 **B** 38 39 — *12* **P** I 392 — *13* **P** I 79 — *14* **P** I 79 504 II 40 — *15* **P** I 514 III 683 **B** 38 — *16* **P** III 93 183 — *17* **P** I 433 — *18* **P** II 366 — *21* **P** II 200 **B** 6 — *22* **P** I 444 II 432.

2 *1* **P** III 580 — *2* **T** II 41 251 **P** III 543 631 — *3* **P** I 504 II 20 40 — *4* **P** I 300 — *5* **T** II 252 **P** I 283 II 464 — *6* **T** II 239 **P** I 283 433 — *8* **P** I 527 II 68 — *9* **P** I 460 — *11* **T** II 303 — *12* **T** II 252 **P** II 236 366 III 564 — *13* **T** II 105 **P** I 355 II 121 215 — *14* **T** II 272 **P** I 198 III 436 — *15* **P** III 271 — *17* **T** II 303 — *19* **T** II 252 **P** II 399 III 396 — *20* **P** II 80 — *21* **T** II 252 298 — *23* **P** II 54 — *24* **P** I 489 III 568 — *25* **T** I 396 II 495 **P** II 64 496 — *25 f* **P** II 493.

3 *1* **T** II 489 **P** I 262 263 542 II 285 420 — *2* **T** II 117 320 **P** I 31 247 330 — *3* **P** I 300 — *4* **T** II 286 **P** II 257 507 III 547 — *5* **T** II 313 **B** 96 — *6* **T** II 314 **P** I 80 II 399 III 308 — *7* **P** I 434 III 423 — *8* **P** I 158 — *10* **P** I 271 II 68 322 349 III 134

— *11* **T** II 379 **P** I 171 — *12* **P** I 504 — *13* **P** I 393 — *14* **P** I 331 432 433 II 160 236 III 531 568 — *16* **T** II 145 **P** II 414 — *17* **P** II 112 — *18* **T** II 37 — *22* **T** II 518.

4 *3* **T** II 168 — *6* **P** I 355 433 II 372 **B** 123 — *10* **P** II 222 III 323 477 — *11* **P** I 159 — *12* **P** II 120 447 III 183 — *13* **P** I 514 II 305 — *14* **T** II 117 314 — *18* **P** III 770 — *19* **P** I 153 393 III 82 **B** 67 — *20* **P** III 255 418 581 — *22* **T** II 517 **P** II 226 III 690 — *24* **T** II 179 311 333 **P** III 113 — *25* **T** II 252 — *26* **P** III 216 — *27* **P** I 543 III 82 461 — *31* **P** I 356 II 283 III 658.

5 *1 f* **P** II 191 — *2* **P** II 421 III 33 427 — *4* **P** I 159 — *11* **T** I 337 — *16* **P** III 632 — *17* **T** II 109 **P** III 183 — *20* **T** II 105 **P** I 51 III 482 — *21* **P** I 271 376 II 192 III 439 — *22* **T** II 413 — *23* **T** II 253 324 **P** III 323 735.

6 *2* **T** II 57 207 **P** I 433 — *4* **T** II 544 — *6* **P** I 527 — *6 f* **T** II 542 — *7 f* **T** II 544 — *9* **T** I 383 — *12* **T** I 250 II 37 — *13* **P** II 434 III 47 — *14* **P** III 594 — *14-27* **T** II 252 **P** II 367 III 50 93 — *23* **P** II 22 **B** 131 — *25* **T** II 315 **P** II 348 506 — *26 f* **P** III 524.

7 *1* **P** III 329 — *8* **P** III 335 442 — *11* **P** II 192 367 — *12* **P** I 444 — *15* **P** I 271 — *19* **P** III 631 725 — *20* **P** III 393 — *22* **P** II 192 — *24* **T** II 239 — *25* **T** II 272 — *27* **P** I 159 — *28* **T** II 561 **P** III 439 — *29* **P** I 283 III 134.

8 *1* **P** III 631 — *2* **T** I 225 323 **P** I 54 — *12* **P** III 631 — *14* **P** II 86 — *15* **T** I 114 — *16* **P** III 331 373 — *17* **P** I 393 — *18* **P** II 160 — *20* **T** II 252.

9 *3* **P** II 331 — *8* **P** III 288 — *9* **P** I 148 II 170 — *16* **T** II 273 — *18* **P** I 33 II 456 III 640 — *23* **P** II 82 III 760 — *24* **T** II 252 **P** III 155 — *32* **P** III 323.

10 *1* **P** I 257 — *5* **P** I 413 — *19* **P** I 284 — *22* **T** II 272 **P** II 511 III 537.

11 *2* **P** I 45 — *5* **T** II 303 — *7* **P** I 182 — *8* **P** I 40.

12 *1* **T** I 310 **P** I 40 III 772 — *2* **T** I 252 288 322 II 109 280 **P** I 171 300 433 II 192 286 324 336 408 444 III 153 359 606 — *2-6* **P** II 229 — *3* **T** I 252 II 110 393 **P** I 301 II 131 III 415 616 — *4* **T** II 105 359 — *5* **T** I 5 — *6* **T** I 388 II 445 **P** II 170 — *7* **T** II 398 — *9* **B** 32 — *11* **T** I 149 362 — *12* **T** II 207 445 **P** I 347 II 408 — *13* **T** I 255 II 354 **P** III 268 — *15* **T** I 6 — *17* **T** II 359 **P** III 457 — *19* **T** II 349 — *21* **T** I 362 II 351 **P** II 503 III 686 — *22* **T** I 252 **P** III 216 **B** 103 110 — *29* **T** I 382 II 107 **P** I 326 II 82 III 456 498 — *30* **T** II 450 **P** III 528 — *31* **T** II 502 — *34* **T** II 445 — *36* **T** I 255 362 II 287 343 445 **P** I 376 II 160 170 — *37* **T** I 119 254 321 363 — *39* **T** I 149 — *40* **T** II 445 **P** II 408 — *41* **T** II 479 **P** I 279 III 389 — *43* **T** II 351 — *44* **T** II 532.

13 *2* **T** II 233 445 **P** I 494 II 46 332 — *3* **T** II 446 — *8* **B** 139 — *9* **P** I 242 **B** 139 — *10* **P** II 484 III 186 — *16* **T** I 317 — *17* **P** I 171 405 407 444 467 III 498 — *18* **T** I 124 149 II 172 379 — *19* **T** II 450 **P** I 301 II 419 III 89 — *21* **T** II 551 **P** I 467 II 192.

14 *2* **T** I 150 — *3* **P** III 365 587 — *5* **T** I 370 — *6* **T** I 132 — *7* **T** II 362 333 551 — *8* **P** II 408 — *10* **T** II 341 **P** II 54 III 365 373 — *13* **T** II 132 **P** II 54 — *14* **T** II 42 — *15* **T** I 109 204 383 II 127 392 476 548 550 **P** I 172 III 373 — *16* **T** II 214 **P** II 349 — *17* **P** I 406 — *19* **T** II 106 201 — *20* **P** I 66 105 — *21* **T** I 183 II 542 — *25* **T** II 163 217 272 — *26* **P** II 471 — *27* **T** II 316 345 446 **P** I 329 473 III 365 — *28* **T** II 273 **P** I 271 — *30* **P** II 112 — *31* **T** I 114 II 231.

15 *1* **T** I 310 II 67 232 304 484 533 **P** I 148 393 433 550 II 136 456 III 183 427 735 — *2* **T** I 114 261 288 364 367 396 II 140 367 **P** II 69 470 III 216 366 — *3* **T** II 138 202 484 **P** II 185 — *6* **P** II 131 528 — *7* **P** II 323 — *8* **P** I 87 413 III 290 —

9 **T** I 249 **P** I 489 — *11* **T** II 349 **P** III 158 254 — *13* **T** I 135 **P** III 135 — *15* **P** I 15 — *16* **P** I 287 — *17* **T** I 100 446 508 **P** II 23 257 — *18* **T** I 366 **P** III 425 — *22* **T** I 35 170 124 150 218 II 127 214 **P** II 257 469 III 415 739 — *23* **T** I 218 **P** I 515 II 367 — *24* **T** I 206 **P** III 426 — *25* **T** I 35 170 205 208 209 316 333 446 **P** III 295 — *26* **T** I 170 208 217 345 415 II 398 **P** I 235 271 **B** 126 — *27* **T** I 214.

16 *2* **T** I 207 **P** III 426 — *3* **T** I 206 211 II 316 — *4* **T** I 213 216 II 327 **P** I 413 444 467 II 55 416 III 93 — *5* **P** I 54 — *7* **P** I 301 — *8* **P** II 519 **B** 139 — *10* **T** I 214 365 — *12* **T** II 316 — *13* **T** I 115 **P** I 24 II 55 — *14* **T** I 198 204 214 355 II 327 513 **P** I 266 381 **B** 135 — *15* **T** I 35 — *16* **T** II 180 **P** II 416 — *20* **P** II 367 III 296 — *21* **T** II 345 — *22* **P** II 220 — *23* **T** I 208 — *25* **T** I 117 151 202 375 447 **P** II 314 — *28* **P** II 284 **B** 124 — *28 f* **T** I 191 **P** III 696 — *29* **P** II 170 220 III 153 307 — *31* **T** I 35 196 305 **P** I 444 — *32* **T** I 151 — *33* **T** I 218 — *35* **T** I 209 238 II 473.

17 *1* **T** I 151 — *3* **T** II 359 — *5* **T** II 53 253 **P** II 104 — *6* **P** I 109 — *7* **T** I 207 218 II 253 **P** II 131 413 — *7 f* **P** II 419 — *8* **T** I 151 II 180 451 533 **P** I 286 III 373 — *9* **T** I 211 II 376 **P** II 290 III 472 — *11* **T** I 108 **P** I 159 — *12* **T** I 212 **P** II 120 III 135 374 — *13* **T** I 205 213 **P** III 374 — *14* **T** I 152 212 **P** I 77 151 404 III 396 — *14 f* **T** I 218 — *15* **P** III 308 — *16* **T** I 146 147 **P** I 265 456.

18 **T** II 528 — *1* **T** I 153 206 209 **P** III 363 — *2* **T** I 209 — *3* **T** I 210 — *4* **T** I 191 II 518 **P** I 42 435 II 288 III 420 564 — *6* **T** I 153 — *7* **P** III 68 — *9* **T** I 153 202 **B** 39 142 — *10* **T** I 327 **P** I 267 — *11* **P** I 148 II 40 — — *12* **T** II 338 **P** I 431 III 26 410 — *13* **P** II 414 — *15* **T** I 98 **P** II 399 — *16* **T** I 208 — *18* **T** I 206 218 II 117 — *20* **T** I 168 208 217 **B** 103

— *21* **T** I 200 216 — *22* **P** III 546 **B** 75 135 — *23* **T** II 94 **B** 45 — *24* **T** I 207 — *25* **T** I 440 — *27* **T** I 206 210.

19 *1* **T** II 383 533 **P** I 105 473 II 277 III 202 208 304 415 430 — *2* **P** I 53 — *3* **P** I 83 272 III 626 — *4* **T** I 110 321 **P** I 467 — *5* **T** I 117 II 317 **P** II 375 408 — *6* **P** I 142 — *8* **T** I 116 II 419 **P** I 321 II 101 — *8 f* **T** II 476 — *9* **T** I 405 II 110 207 476 **P** II 371 III 653 — *11* **T** II 93 **P** III 304 — *12* **T** II 157 — *14* **B** 106 — *15* **T** I 316 — *16* **P** I 326 II 183 III 741 — *16 f* **P** I 105 — *17* **T** I 116 **P** III 757 — *19* **T** I 119 321 392 **P** II 46 257 449 — *20* **T** II 185 484 — *21-25* **P** II 412 — *22* **T** II 317 477 — *24* **B** 75.

20 *1* **T** I 310 — *2* **P** I 265 II 349 III 118 183 374 632 661 776 — *2 f* **T** I 259 — *2-17* **T** I 179 439 II 353 384 477 **P** I 160 499 III 356 557 607 621 709 — *3* **T** I 120 II 164 398 — *4* **T** I 314 — *5* **P** I 428 II 402 — *6* **T** II 437 — *7* **P** II 242 III 28 608 668 — *8* **T** I 22 II 94 398 **P** I 560 III 77 246 — *9* **T** I 384 — *10* **T** II 169 394 — *11* **T** I 252 II 398 **P** III 597 — *12* **T** I 113 II 470 **P** II 180 218 480 III 319 — *14* **T** I 448 — *16* **T** II 474 — *17* **P** III 708 — *18* **T** I 116 252 **P** I 251 — *20* **P** II 186 — *22* **T** I 262 322 II 446 — *23* **T** I 253 293 II 447 **P** II 149 307 **B** 145 — *24* **T** I 8 II 358 372 447 **P** I 172 242 II 221 277 332 III 389 390 — *25* **T** I 30 68 248 II 432 — *26 f* II 513.

21 **T** I 262 II 94 107 463 **P** II 20 69 III 295 — *1* **T** I 235 304 II 127 **P** I 172 II 201 — *6* **T** I 30 II 287 477 — *10* **T** II 355 477 — *11* **T** I 122 **P** III 298 — *13* **T** II 372 — *14* **T** II 372 **P** I 267 — *15* **T** II 356 — *17* **T** II 470 — *19* **T** I 247 II 349 — *26* **P** II 129 III 243 — *28* **T** I 97 429 **P** I 182 — *29* **T** I 40 41 — *30* **T** I 257 — *34* **P** III 406 — *37* **T** I 30 32 81 II 53.

22 *1* **T** I 260 — *2* **T** I 247 — *5* **P** I 68 — *8* **T** II

355 **P** III 406 — *10* **T** I 448 — *12* II 355 — *13* **P** II 162 — *17* **T** II 87 — *19* **T** II 110 **P** II 330 — *20* **T** II 439 — *21* **P** III 395 — *23* **T** I 256 — *24* **T** I 248 **P** III 692 **B** 103 — *27* **T** I 253 II 110 **P** II 316 **B** 131 — *30* **T** I 256 II 296 375 — *30 f.* **T** I 227.

23 *2* **T** II 320 **P** I 441 III 546 — *4* **T** I 112 II 359 399 — *6* **T** II 513 **P** III 546 — *8* **T** II 440 **P** II 106 277 — *10* **T** I 123 — *13* **P** I 257 **B** 35 — *14* **P** III 635 — *17* **P** I 144 494 **B** 60 — *19* **T** II 92 **P** II 46 — *19 f* **P** II 257 — *20* **P** II 262 277 — *21* **P** I 412 II 427 III 708 — *25* **T** II 399 **P** II 24 518 — *26* **T** I 338 — *27* **P** II 506 — *28* **B** 143 — *29* **T** I 239.

24 **T** I 249 II 419 — *1* **T** II 145 **P** II 283 349 III 708 — *4* **P** III 495 — *5* **P** I 431 — *6* **T** II 344 519 **P** II 236 III 415 **B** 90 — *7* **T** II 300 419 477 558 **P** II 55 165 197 394 406 500 III 139 392 417 490 658 — *10* **T** II 519 537 **P** II 400 III 374 616 — *11* **P** I 98 272 III 324 472 — *14* **P** I 510 II 350 **B** 81 — *16* **T** I 311 388 II 363 **P** II 40 69 — *18* **T** II 291 345 **P** I 83 560.

25 *2* **P** I 509 II 117 332 466 III 389 — *5* **T** II 254 — *8* **T** I 356 **P** I 324 II 332 III 426 — *10* **T** I 123 **P** I 238 — *11* **T** I 439 **P** I 236 377 III 335 **B** 129 — *14 f* **P** I 434 — *20* **P** III 389 — *22* **T** I 421 II 33 **P** I 324 384 II 493 **B** 59 — *24* **P** I 236 — *31* **P** III 443 — *34* **T** II 376 — *39* **T** II 317 — *40* **T** II 419 **P** II 367 III 427 666.

26 **T** I 233 — *6* **P** I 377 II 192 III 625 — *7* **P** III 384 389 443 — *9* **T** II 341 — *14* **T** II 255 — *15* **P** I 460 III 389 — *17* **T** II 233 — *24* **T** II 255 — *30* **P** II 160 — *31* **T** II 233 — *33* **P** III 389 443 — *36* **T** II 233 255.

27 *1* **P** III 439 — *10* **T** I 201 — *18* **T** II 182 **B** 112.

28 *1* **T** I 266 **P** II 414 III 43 — *5* **P** III 457 — *9* **P** III 135 — *12* **T** I 439 — *20* **P** II 402 — *28* **P** II 47 III 83 — *30* **P** II 469 — *32* **B** 52 — *38* **P** I 98 II 470 —

39 **P** II 368 — *42* **P** II 469 — *43* **P** II 414.

29 *1* **P** I 442 II 81 350 — *29* **P** I 267 III 692 — *43* **T** II 280 — *46* **P** I 144.

30 *1* **P** I 387 — *3* **P** I 236 — *10* **P** III 270 — *12* **P** I 69 301 393 434 II 105 409 III 183 269 281 304 488 497 593 668 — *12 f* **P** I 325 — *13* **T** I 36 II 207 255 **P** II 368 — *13-15* **P** III 406 — *18* **P** III 443 — *31* **P** II 332 — *34* **P** III 298.

31 *1* **P** I 231 — *2* **P** I 80 III 556 — *6* **P** II 131 — *8* **P** I 69 — *13* **T** I 363 — *14* **T** II 362 493 **P** II 220 III 214 — *16* **T** I 404 **P** III 245 **B** 81 — *17* **T** I 85 II 94 **P** I 368 — *18* **P** I 284 406 II 28 III 57.

32 *1* **P** I 161 II 79 258 — *3* **P** III 528 — *4* **T** II 110 119 **P** I 495 III 103 759 — *5* **P** II 55 502 III 139 — *6* **P** II 254 — *7* **T** II 42 **P** I 527 II 55 278 322 III 423 489 — *8* **T** II 533 **P** I 460 II 147 161 III 632 — *9* **T** II 42 **P** III 423 — *10* **P** II 55 69 471 — *11* **T** I 120 II 110 255 274 **P** I 320 434 II 227 258 491 III 209 610 — *13* **P** I 27 55 117 163 172 203 505 527 561 II 40 69 259 433 III 155 423 490 508 — *14* **T** II 120 — *15* **T** II 119 **P** I 20 II 259 III 136 — *16* **T** I 34 II 256 **P** I 137 474 **B** 139 — *18* **P** II 170 III 135 658 — *19* **T** I 370 **P** III 177 — *21* **P** II 170 350 — *24* **T** II 427 — *25* **P** I 61 II 372 III 185 — *26* **T** II 120 **P** I 505 — *28* **P** III 305 — *31* **T** I 407 — *32* **T** II 363 **B** 135 — *34* **T** II 186 **P** I 28 II 259 428.

33 *6* **T** II 118 **P** I 417 II 500 III 67 675 — *7* **T** II 217 **P** I 284 405 II 182 III 183 — *8* **P** II 161 259 — *10* **P** III 537 — *11* **P** I 183 II 126 259 — *12* **P** III 136 — *13* **T** II 180 **T** I 326 377 393 — *14* **T** II 182 **P** II 428 — *15* **P** III 708 — *16* **T** II 179 **P** II 428 — *18* **T** II 314 **P** I 326 III 366 — *20* **T** I 342 421 II 390 — *21* **T** II 185 **P** II 164 — *22* **T** I 365 — *23* **B** 78.

34 *1* **T** II 344 **P** I 393 445 474 II 403 — *6* **T** I 19 **P** I 301 327 II 284 456 III

532 562 — *6 f* **P** II 472 — *8* **T** I 440 II 287 — *9* **P** II 262 — *15* **T** II 431 — *18* **T** II 447 — *24* **T** II 375 **P** I 153 — *26 f* **P** II 258 — *27* **T** II 350 **P** I 261 490 III 169 577 **B** 77 — *29* **T** II 120 **P** I 386 450 515 II 399 — *30* **T** II 83 377 **P** II 493.

35 *1* **P** I 442 II 122 — *3* **P** III 106 — *19* **P** I 434 — *22* **T** II 399 **P** III 528 — *24* **P** II 368 — *27* **T** II 451 **P** I 80 — *31* **B** 19.

36 *3* **P** I 80 284 III 702.

37 *2* **P** III 567.

38 *21* **T** II 134 **P** I 64 II 290 III 490 620 775 — *22* III 288 — *26 f* **T** I 140.

39 *43* **T** II 51.

40 *2* **P** I 24 — *3* **P** I 448 — *15* **P** II 332 — *35* **P** II 69 427 — *38* **T** II 434.

Leviticus ויקרא

P II 169

1 *1* **T** I 382 **P** II 349 392 III 389 415 491 634 766 — *2* **T** II 217 **P** II 332 III 374 — *5* **T** II 349 **P** III 608 — *16* **P** I 245 — *17 f* **P** III 630.

2 *1* **P** II 278 III 29 — *3* **P** II 287 508 III 680 — *7* **T** I 362 438 — *13* **P** I 355 460 — *14* **T** I 248 II 207 348.

4 *2* **P** II 260 368 — *2 f* **T** II 104 — *3* **P** II 368 — *4* **P** II 286 — *9* **T** II 342 — *12* **T** I 68 — *13* **B** 135 — *15* **P** II 228 — *17* **T** II 342 — *22* **T** I 33 **P** III 758.

5 *1* **T** II 374 **P** I 434 II 124 III 324 765 — *5* **P** I 375 — *11* **T** I 104 — *15* **P** II 307 — *16* **P** III 319 — *17* **T** I 333 — *21* **T** I 314 437 **P** II 308 — *22* **B** 131 — *23* **P** III 406.

6 *2* **T** I 97 **P** II 350 369 404 III 209 324 425 — *3* **P** II 369 — *4* **T** II 342 — *13* **P** II 315 392 III 374 — *16* **B** 132 — *18* **P** I 377 II 222.

7 *1* **P** II 222 — *11* **P** II 405 457 — *12* **P** III 337 — *18* **P** I 103 — *20* **B** 65 — — *24* **P** II 295 — *37* **P** I 362 II 405 III 156.

8 *2* **P** I 482 502 III 94 — *3* **P** II 70 — *4* **P** III 545 —

5 **P** I 267 — *6* **P** III 705 — *34* **P** III 525 — *35* **P** III 33.

9 *1* **T** II 146 **P** II 502 III 59 — *4* II 392 III 753 — *24* **T** II 280 **P** III 545.

10 *1* **T** I 198 — *2* **T** I 107 255 II 180 389 **P** II 351 457 — *3* **T** I 73 — *4* **P** I 148 — *6* **T** I 352 II 463 — *7* **P** I 98 — *8-11* **P** II 333 — *9* **P** II 279 412 III 324 465 — *12* **T** II 282 463 — *16* **T** I 239 441 **P** III 184 296.

11 *1* **P** II 224 III 105 — *2* **P** I 393 — *4-7* **T** II 345 **P** I 498 III 604 — *5* **P** III 177 — *7* **P** II 445 — *8* **P** II 239 — *10* **T** II 346 — *13* **B** 51 — *17* **P** I 332 — *18* **T** II 346 **P** I 266 — *19* **P** II 527 — *29* **T** I 322 341 **P** III 118 — *32* **B** 131 — *34* **T** I 15 — *43* **T** II 337 349 — *44* **P** II 17 III 425 — *45* **T** II 338 **B** 147 — *47* **P** I 231.

12 *1* **P** I 562 — *2* **T** II 104 **P** II 192 III 416 720 — *6* **T** II 104.

13 *2* **P** I 272 II 332 III 630 — *4* II 416 — *13* **B** 130 133 — *17* **T** I 5 — *18* **P** III 28 — *30* **T** I 317 — *37* **P** III 429 — *45* **T** I 122 **P** I 197 II 122 398 III 566 **B** 124 — *46* **P** I 28 II 416 — *56* **B** 145.

14 *2* **P** I 381 III 617 — *4* **P** I 173 III 184 — *19* **T** II 104 — *21* **T** I 63 — *34* **T** II 287 — *35* **P** I 61 — *36* **T** II 54 **P** I 61 — *37* **P** III 719.

15 *2* **T** I 246 — *26* **T** II 336 — *31* **P** III 406 **B** 147 — *33* **P** I 562.

16 **P** II 333 — *1* **T** I 239 309 **P** II 193 392 502 III 390 499 658 — *1 f* **T** I 237 — *2* **P** III 29 184 416 — *3* **P** II 328 381 III 271 374 552 — *4* **P** I 173 II 193 320 III 389 457 — *8* **T** II 348 — *13* **P** II 260 — *14* **T** II 287 **P** III 406 — *16* **P** I 17 410 — *18* **T** II 351 — *22* **P** II 260 — *23* **P** I 421 — *26* **P** II 217 — *29* **T** II 350 — *30* **T** I 227 258 **P** II 193 III 171 — *34* **P** II 239 317.

17 *3* **T** I 246 **P** II 316 III 184 — *4* **T** II 134 — *7* **P** II 216 — *11* **P** I 267 — *13* **T** II 477 — *14* **P** I 267.

18 **T** I 260 **P** I 173 — *2* **T** I 59 II 110 346 477 478

P II 302 — *3* **T** I 42 II 30 **P** I 30 II 239 260 III 358 — *5* **T** I 260 II 127 **P** II 321 — *10* **B** 65 — *14* **B** 33 — *16* **P** II 217 — *17* **P** III 298 — *21* **T** I 379 — *27* **P** II 308 **B** 60 — *28* **P** I 413 — *29* **T** II 127 — *30* **B** 145.

19 **P** II 369 III 166 — *2* **T** I 100 118 II 367 **P** I 392 II 106 — *3* **T** II 106 470 **P** II 329 **B** 81 — *4* **T** II 207 **P** III 88 — *9* **T** II 104 **P** I 384 — *12* **P** II 443 III 28 — *13* **P** III 755 **B** 69 — *14* **T** II 440 — *16* **T** II 233 346 **P** III 254 — *17* **T** I 71 227 **B** 132 — *18* **T** I 7 285 II 428 **B** 27 81 — *19* **T** II 432 **P** II 217 — *20* **T** I 245 II 405 **P** II 239 — *23* **T** II 172 **P** II 393 III 203 579 — *24* **T** I 316 — *26* **T** I 254 316 II 285 **P** II 26 — *27* **P** II 324 III 316 — *29* **T** I 70 383 — *32* **T** II 374 433 **P** II 70 457 III 650 — *36* **T** II 7 418.

20 *2* **T** I 99 II 171 — *5* **T** II 111 — *9* **T** I 246 — *14* **T** I 255 — *16* **P** I 169 II 135 — *17* **B** 97 — *20* **P** III 267 — *21* **B** 60 — *22* II 317 — *26* **T** I 50 228 **P** I 456 II 324 III 122 — *27* **P** I 460 II 352.

21 **P** II 332 III 635 — *1* **P** II 352 419 — *3* **T** I 248 — *7 f* **P** I 173 — *8* **P** III 406 — *9* **T** I 245 **B** 85 — *10* **T** II 478 — *12* **P** II 287 508 III 457 — *14 f* **P** I 173 — *20* **T** I 378.

22 **P** II 333 — *4* **T** I 246 — *7* **B** 141 — *9* **P** I 238 II 70 — *16* **T** I 248 — *22* **P** I 381 — *25* **T** II 349 — *27* **P** I 116 II 135 260 315 329 394 III 491 498 — *28* **P** III 728 — *29* **T** I 423 — *32* **T** I 260 263 **P** II 158 449 **B** 75.

23 *2* **B** 137 143 — *3* **P** II 122 — *4* **P** I 267 — *10* **T** II 542 **P** I 43 245 — *11* **P** I 142 — *14* **P** III 33 267 — *17* **P** I 246 427 — *22* **T** II 416 420 **P** III 742 — *24* **P** I 448 II 336 397 III 105 374 390 499 602 742 — *29* **P** I 384 — *34* **P** I 122 — *36* **P** II 319 — *40* **T** I 358 423 II 478 **P** II 121 261 319 466 502 III 429 456 — *43* **T** I 119 321.

24 *1* **P** II 279 — *2* **P** II 466 III 389 428 — *5* **T** II

369 — *6* **P** I 384 — *10* **T** II 518 **P** II 369 III 375 — *11* **P** II 261 369 — *14* **T** I 246 **B** 145.

25 **T** I 249 II 558 **P** III 774 — *2* **P** I 267 — *9* **B** 85 — *10* **T** II 207 — *14* **P** III 686 — *17* **T** II 84 **P** III 553 — *19* **T** II 208 333 — *21* **T** II 363 — *23* **P** II 81 332 **B** 72 — *35* **P** III 639 — *36* **T** I 65 **B** 75 137 — *46* **T** I 248 **B** 45 — *47 f* **P** III 396 — *48* **T** II 338 — *51* **B** 137 — *55* **T** I 30 31 295 **P** II 81 332 466.

26 *3-13* **P** II 403 — *3-46* **P** I 74 — *3* I 460 II 522 III 654 — *6* **T** II 111 **P** I 82 357 — *8* **P** III 297 — *9* **P** I 247 — *13* **T** II 69 402 — *14-46* **P** II 321 403 III 416 727 — *16* **T** I 443 — *18* **T** I 124 153 **P** III 336 — *19* **T** I 57 292 **B** 103 — *20* **T** II 478 — *22 f* **T** I 444 — *25* **P** I 301 III 375 — *26* **T** I 396 444 — *36* **T** II 309 — *38* **T** I 292 **P** I 428 **B** 143 — *42* **T** II 106 **P** II 412 III 375 — *43* **P** I 301 III 734 — *44* **P** III 731 **B** 44.

27 *2* I 122 — *3* II 279 — *7* **P** I 55 — *34* **P** II 233 III 702.

Numeri במדבר

1 *2* **P** II 416 III 281 304 773 — *3 f* II 414 — *10* **T** II 38 — *18* **P** II 329 III 710 — *49* **P** III 773.

2 *34 f* **P** II 193.

3 *1* **P** I 64 — *4* **T** I 239 II 57 **P** II 193 236 400 457 III 136 — *12* **P** II 81 82 332 — *15* **P** III 324 439 — *16* **P** III 440 — *22* **T** I 40 **P** II 330 — *32* **P** I 149 — *39* **T** I 40 **P** III 375 — *40* **P** III 440 — *47* **P** I 394 — *49* **T** II 239.

4 *13* **P** III 217 — *16* **T** II 120 **P** II 40 — *18* **P** III 647 — *18 f* **P** I 528 III 48 — *20* **P** II 334 III 440 — *47* **P** I 267 — *48 f* **P** III 607 — *49* **P** III 375.

5 *2* **T** I 382 **P** I 98 II 416 III 185 472 492 607 — *2-4* **P** II 333 — *3* **T** I 367 — *10* **B** 136 — *11-31* **T** II 62 **P** I

400 III 658 — *31* **T** I 364 II 304 360 — *32* **T** II 208 317 479 **P** I 394.

12 *1* **T** II 451 **P** II 309 — *2* **P** I 496 — *3* **T** II 179 447 493 — *6* **T** II 128 — *7* **T** II 179 **P** II 323 414 **B** 124 — *8* **T** II 214 **P** I 98 — *9* **T** I 323 II 447 — *10* **P** I 303 — *12* **T** II 205 — *13* **T** I 109 **P** II 509 — *14* **T** I 250 II 394 **P** I 61 267 384 — *15* **P** II 457.

13 *2* **P** I 377 III 157 — *11* **P** I 424 — *13* I 424 II 245 — *14* **P** I 266 — *22* **P** III 375 — *23* **P** II 245 351 — *26* **T** II 112 — *27 f* **T** II 42 — *31* **P** I 407 III 375 — *32* **P** I 413 **B** 118.

14 *1* **P** I 303 — *4* **T** I 150 **P** III 623 — *5 f* **P** II 47 — *10* **P** II 193 — *11* **P** II 284 — *14* **P** I 408 III 333 — *16* **P** II 70 — *17* **P** I 160 327 III 611 — *19* **P** I 434 460 505 — *20* **T** II 346 **P** I 203 — *21* **P** II 261 — *22* **T** II 214 — *23* **P** I 173 — *27* **P** II 284 — *29* **B** 74 139 — *34* **T** II 297 **P** I 303 — *35* **T** I 141 — *37* **T** I 406 II 112 **P** I 377 III 185 622 — *38* **B** 97.

15 *2* **P** III 557 753 — *18* **T** I 249 — *22-26* **P** I 272 — *23* **T** II 346 — *24* **B** 126 — *30* **T** I 239 II 372 — *31* **T** I 245 259 II 21 378 423 442 — *32* **T** I 323 — *33* **T** I 107 II 357 — *37-41* **P** II 318 III 574 — *38* **T** II 24 58 433 479 — *39* **T** I 259 II 97 440 **P** II 305 III 691 — *40* **T** II 470.

16 *1* **P** I 378 381 II 370 III 47 — *2* **P** I 133 III 611 — *3* **P** II 370 — *4* **P** I 80 — *5* **T** II 447 — *14* **P** III 547 — *15* **P** II 334 479 III 255 — *22* **T** II 139 — *25* **P** I 357 — *26* **P** II 215 — *27* **P** III 376 — *29* **P** I 394 403 — *30* **T** II 331 **P** III 428 **B** 118 — *31* **T** II 132 — *32* **T** II 240 **P** I 413 — *33* **T** I 143 323 **P** I 445 III 586.

17 *5* **P** III 647 **B** 144 — *11* **P** III 333 — *12* **P** I 161 — *17* **P** II 261 403 — *23* **P** III 659.

18 **T** I 256 — *3* **T** I 392 **P** I 77 — *7* **T** I 349 II 513 — *8* **T** I 256 — *26* **P** II 47 — *28* **P** I 337.

19 **T** I 41 **P** II 333 III 556 635 — *2* **P** I 435 II 279 317 466 III 497 — *14* **T** II 87 **P** I 238 363.

20 *1* **P** II 56 161 III 527 — *2* **P** I 24 — *5* **P** I 285 — *10* **T** I 239 — *12* **T** II 433 **P** I 356 — *13* **P** I 452 473 — *28* **P** II 70 — *29* **T** II 51 **P** II 120.

21 *1* **T** II 121 **P** II 388 — *2* **P** III 255 — *5* **P** II 109 — *8* **P** I 460 II 172 III 73 — *9* **T** II 38 — *17* **P** I 467 II 55 III 589 — *18-20* **P** III 185 — *18* **B** 129 — *19* **P** I 137 **B** 84 — *20* **P** II 193 — *26* **T** II 347 **P** I 378 — *27-30* **P** I 69 — *34* **T** II 121 **P** III 82.

22 (**22** *2*-**24** **P** II 70 III 580) *7* **B** 142 — *12* **P** III 479 — *20* **P** II 81 472 **B** 57 82 — *21* **T** II 132 — *32* **T** II 298 448.

23 *1* **P** I 28 **B** 19 — *3* **P** I 285 — *4* **P** I 456 III 766 — *5* **P** II 41 — *8* **P** III 177 — *9* **T** I 212 **P** III 540 — *10* **P** I 260 504 II 132 330 — *19* **P** I 528 II 118 — *21* **P** III 499 — *23* **P** II 25 310 512 III 679 — *29* **P** II 245.

24 *1* **P** II 245 — *2* **P** I 267 — *3* **P** I 285 II 132 — *5-8* **P** I 285 — *5* **P** III 389 — *6* **P** I 65 451 — *9* **P** III 716 — *11* **T** II 502 — *14* **P** II 482 — *17* **T** I 291 **P** II 433 434 III 123 389 — *19* **P** III 497 — *23* **P** I 334 — *24* **B** 32.

25 *1* **T** I 154 **P** I 262 II 254 458 — *2* **T** I 154 309 **P** II 243 — *3* **T** II 280 **P** II 370 — *4* **B** 69 — *7* **T** I 35 II 180 **P** I 286 II 236 **B** 40 — *9* **P** III 435 — *12* **B** 135 — *13* **P** I 24 III 185 **B** 45 — *14* **P** III 47 — *15* **B** 79.

26 **P** III 705 — *4* **T** II 484 — *7* **P** I 104 III 613 — *9* **B** 61 — *11* **P** I 516 III 94 — *14* **P** I 104 — *59* **P** I 504.

27 *1* **T** II 344 **P** III 738 — *2* **T** I 107 II 357 — *3* **T** I 323 — *5* **P** I 24 II 400 III 54 — *7* **P** I 386 — *8* **T** II 128 — *11* **B** 132 — *12* **P** III 738 — *14* **T** I 198 II 137 220 — *16 f* **P** III 382 — *20* **P** III 248 578 — *21* **T** II 452 **P** II 122 194.

28 *1-8* **P** II 519 — *2* **T** II 256 351 **P** II 332 III 738

— *2 f* **P** I 324 — *3* **T** I 19 — *4* **T** I 64 — *6* **T** I 315 **P** I 373 — *7* **P** I 42 — *10* **P** II 220 — *14* **P** III 608 — *15* **P** I 409 — *30* **P** III 705.

29 *1* **P** II 336 — *1 f* **P** III 627 — *2* **P** II 261 596 — *15* **T** II 173 — *35* **P** II 220 III 406 554 — *36* **P** I 204 — *39* **P** II 405 III 186.

30 *2* **P** II 152 — *3* **T** I 246 — *13* **T** I 333 — *14* **T** I 312.

31 *2* **P** II 225 III 430 — *5* **T** I 198 II 448 **P** III 683 — *7* **T** II 448 — *8* **T** II 448 **P** I 285 **B** 32 — *13* **T** I 120 — *14* **T** I 239 **P** III 296 — *17* **B** 78 — *21* **T** II 360 **P** I 355 II 29 — *23* **P** II 117 — *50* **P** II 41 208 345 **B** 81 99.

32 *12* **T** II 106 — *22* **P** I 62.

33 *3* **P** III 376 — *4* **P** III 365 — *13* **P** I 461 — *55* **P** I 528 II 398 — *56* **P** I 321.

34 *2* **P** III 561.

35 *3* **T** II 417 **P** II 122 — *4 f* **T** I 66 — *10* **T** II 364 **P** I 78 — *24* **T** I 35 — *27* **T** I 226 **P** III 106 — *28* **T** II 42 — *33* **T** II 359 — *33 f* **T** I 444.

36 *1* **P** III 255 — *4* **T** II 207 — *6* **B** 131 — *7* **P** I 510 — *11* **T** II 291 344.

Deuteronomium דברים

1 *1* **T** I 394 II 37 58 119 143 291 542 558 **P** I 45 III 209 477 — *2* **T** II 215 291 **P** II 132 — *4* **T** II 101 — *5* **T** II 209 — *6* **P** III 528 — *7* **T** I 448 — *8* **T** I 87 — *9* **P** I 272 II 194 — *10* **P** II 195 — *11* **T** II 288 **P** I 118 II 415 III 136 — *12* **P** II 400 — *13* **T** II 160 334 **P** I 174 — *15* **P** I 69 **B** 70 — *16* **P** I 10 267 358 III 619 **B** 52 — *17* **T** II 305 312 495 **P** I 24 358 II 122 400 III 48 601 **B** 135 — *21* **T** II 548 — *22* **T** II 128 **P** I 285 — *23* **P** I 377 — *25* **T** II 112 — *27* **T** I 448 — *28* **T** II 331 **P** I 129 II 163 III 186 — *34* **P** III 159 — *35* **P** III 713.

2 *3* **P** II 194 294 III 136 436 773 — *5* **P** I 267 — *7*

T II 256 **P** I 303 II 41 III 70 — *9* **P** I 298 — *15* **T** I 513 — *16* **T** I 310 — *20* **P** I 441 — *23* **T** II 405 **P** I 378 II 328 — *25* **P** I 516 II 56 — *26* **P** II 403 — *31* **P** II 510 III 473.

3 *9* **P** I 378 — *17* III 186 — *23* **T** I 219 **P** II 370 III 137 428 460 — *24* **T** II 313 **P** III 83 — *24 f* **P** I 560 — *25* **T** II 204 **P** I 562 — *26* **T** I 191 257 II 256 281 347 **P** II 14 370 — *27* **T** II 285 370 **P** II 370 — *28* **T** II 209.

4 *4* **T** I 87 II 27 **P** I 369 II 30 **B** 22 — *6* **P** I 66 144 — *7* **P** I 257 493 556 II 357 444 III 32 220 320 468 **B** 84 — *8* **P** III 321 — *9* **T** I 436 II 21 **P** I 261 363 III 629 **B** 135 — *10* **P** I 128 — *11* **T** II 561 **P** I 413 — *13* **P** III 356 — *14* **P** I 229 II 224 — *19* **P** III 668 — *20* **P** I 116 III 386 — *22* **T** II 553 — *24* **T** I 82 — *25* **P** II 371 — *26* **P** III 681 **B** 139 — *30* **T** I 330 **P** I 254 — *30 f* **P** III 736 — *30-32* **P** III 683 — *31* **P** III 119 — *32* **P** I 156 555 II 50 485 — *33* **P** II 445 — *34* **P** I 117 II 77 194 409 461 III 256 556 607 — *35* **T** I 116 **P** I 32 — *36* **T** I 262 — *39* **P** II 399 — *41* **P** I 435 II 284 371 III 70 — *42* **P** III 764 — *43* **P** I 415 562 III 632 — *44* **P** I 137 234 — *45* **P** II 371.

5 *1* **B** 143 — *4* **P** I 162 II 519 III 376 714 — *5* **P** III 217 — *12* **P** I 406 560 II 220 III 77 246 309 — *14* **T** I 208 **B** 139 — *16* **T** I 208 **P** II 180 — *18* **T** II 474 — *19* **P** I 258 II 233 — *21* **P** II 371 — *23* **P** I 147 III 473 — *25* **T** II 513 **P** III 159 — *26* **T** II 47 122 **P** I 174 II 400 — *27* **B** 106 — *28* **P** II 109.

6 *4-9* **P** II 218 — *4* **P** II 279 452 **B** 113 — *5* **T** I 328 420 II 49 — *6* **T** II 360 — *7* **T** I 247 II 550 **P** II 288 443 III 301 — *8* **B** 131 — *9* **P** III 316 — *10* **T** II 121 **P** III 477 — *16* **P** II 480 III 406 430 — *18* **P** II 37.

7 *2* **P** I 272 — *3* II 34 III 406 — *6* **P** III 597 — *7* **T** II 300 **P** I 369 — *8 f* **P** II 194 — *10* **T** I 378 **P** I 149 III 701 — *11* **P** I 174 — *12* **P** I 493 II 186 III 767 — *13*

P III 186 **B** 69 — *14* **P** I 67 174 II 195 III 760 — *15* **P** I 96 425 II 24 III 137 408 — *16* **P** I 431 — *23* **P** II 506 — *25* **B** 103.

8 *3* **P** II 167 — *4* **T** II 488 **P** II 41 III 256 — *5* **T** II 54 418 — *9* **T** II 100 **P** I 510 529 — *10* **T** II 60 **B** 52 — *14* **P** I 226 **B** 82 137 — *15* **P** I 435 III 94 — *16* **P** II 167 — *19* **T** I 415.

9 *1* **T** II 331 **P** III 477 — *4-6* **P** III 416 — *8* **T** II 42 **P** II 372 — *9* **T** II 18 **P** I 19 273 II 259 III 691 **B** 31 — *10* **P** I 138 261 — *12* **P** III 647 — *14* **T** II 183 **P** III 594 — *15* **P** III 705 — *18* **P** I 12 515 — *19* **P** I 163 II 16 III 92 — *20* **P** II 350 — *25* **T** I 109 — *26* **P** III 214 — *29* **P** II 322.

10 I **T** 123 **P** I 238 II 262 — *6* **P** III 435 — *10* **P** I 19 **B** 31 — *12* **T** II 22 38 **P** I 9 30 III 477 — *14* **P** III 394 429 — *16* **P** I 132 — *17* **T** I 73 186 **P** I 12 182 II 165 III 317 — *17 f* **P** I 325 II 79 — *18* **T** I 111 191 II 103 **P** I 254 — *20 f* **T** I 62.

11 *6* **T** II 331 **P** II 20 — *10* **T** II 112 **P** III 298 — *11* **T** I 136 **P** I 413 — *12* **T** II 471 **P** II 216 — *13* **T** I 70 **P** II 518 — *13-21* **P** II 218 — *14* **T** I 247 II 266 443 **P** II 528 — *15* **T** II 112 — *17* **T** II 137 145 219 317 **P** I 394 — *18* **P** II 328 — *19* **T** II 372 **P** II 443 — *21* **T** II 169 **P** I 212 **B** 43 — *23* **T** II 288 399 — *26* **T** II 303 — *29* **T** I 122 — *30* **T** II 288 423.

12 *2* **T** I 310 — *3* **B** 103 — *4* **T** I 91 — *5* **T** II 117 **P** II 217 — *8* **P** I 384 — *9* **T** II 112 209 347 — *13 f* **P** I 442 — *17* **T** II 318 — *19 f* **P** II 132 421 — *20* **T** I 231 — *21* **T** II 479 — *23* **T** I 412 — *28* **T** I 253.

13 *2* **T** I 302 **P** III 638 — *3* **P** I 256 — *5* **P** I 449 III 203 — 7 **B** 112 — *17* **T** I 121 II 104 112 128 — *18* **T** I 90 99 121 **P** II 186.

14 *1* **T** I 287 295 II 140 201 300 — *5* **T** II 173 — *7* **T** I 302 — *8* **P** I 252 372 — *11* **T** II 399 — *13* **T** II 375 475 **P** II 121 — *21* **P** II 49 — *21 f* **P** I 427 II 258 —

22 **P** I 303 III 465 498 522 — *23* **P** I 382 — *24* **P** III 551 — *26* **P** III 406 **B** 139.

15 *2* **P** 219 — *7* **P** III 622 749 — *8* **T** I 247 — *8 f* **P** III 138 — *9* **T** I 124 **P** II 17 — *10* **T** II 339 508 **P** III 741 — *11* **P** I 494 — *14* **T** I 240 247 **P** II 324.

16 *1* **P** III 406 — *2* **T** I 5 309 — *3* **T** I 428 **P** III 407 525 **B** 139 — *6* **T** II 479 — *8* **T** I 6 **P** II 220 III 554 — *10* **B** 97 — *13* **P** I 267 — *14* **P** I 153 III 167 — *15* **P** II 47 — *18* **T** II 281 334 **P** III 440 618 — *19* **P** III 437 — *20* **P** I 358 — *21* **P** I 358.

17 *6* **T** I 333 **B** 131 — *9* **P** I 357 — *11* **P** III 638 — *12* **P** III 33 — *14* **T** II 379 — *15* **T** II 204 209 **B** 145 — *16* **T** II 123 132 — *16 f* **P** II 224 — *17* **T** II 112 209 — *18* **T** II 182 — *20* **B** 139 — *20 f* **P** II 201.

18 *3* **T** I 35 — *10* **T** II 209 — *11* **T** I 334 — *12* **T** II 87 **P** III 761 — *14* **T** I 254 — *18* **P** III 203.

19 *14* **P** I 267 II 516.

20 *2* **T** I 246 **P** II 201 — *5 f* **T** I 35 70 II 129 — *8* **T** I 312 — *10* **T** I 369 **P** II 403 — *19* **T** I 14 37 458 **P** III 159 — *19 f* **P** I 239.

21 *1 f* **T** I 48 — *4* **P** III 592 — *5* **P** II 238 — *7* **P** I 133 — *8* **P** III 324 — *12* **T** I 122 — *13* **T** I 320 — *14* **T** II 363 — *15* **T** II 113 — *15-17* **T** III 376 — *17* **B** 131 137 — *18* **B** 137 — *21* **T** I 362 — *23* **P** I 95 **B** 138.

22 *1* **B** 132 — *2* **B** 131 — *3* **P** I 122 — *5* **T** II 288 — *6* **P** II 195 383 III 316 381 728 — *7* **P** II 480 III 473 **B** 132 — *8* **T** I 258 II 339 441 **P** II 324 III 316 — *9* **P** I 20 324 — *10* **P** II 316 324 — *11* **P** II 217 III 316 — *13* **T** II 104 — *14* **T** I 258 — *17* **T** I 70 248 — *19* **P** II 416.

23 *4* **T** II 82 — *5* **T** I 403 II 235 **P** II 80 — *6* **P** II 494 — *8* **T** I 228 **P** II 413 III 76 — *10* **T** II 497 **P** I 75 II 195 — *11* **T** II 297 **B** 143 — *13* **T** I 404 — *14* **T** II 508 — *15* **T** II 411 **P** I 486 529 **B** 68 — *16* **T** II 394 — *19* **T** I 113 — *21* **P** III 430 — *22* **P** III 40 — *25* **T** I 375

II 84 373 **P** I 442 — *26* **T** II 84 373 **P** III 231.

24 *1* **T** II 17 — *2* **P** II 298 — *6* **T** I 370 **P** III 702 — *11* **B** 97 — *13* **P** II 238 III 243 — *16* **P** II 402 — *17* **T** II 209 — *19* **T** I 229 **P** II 324 III 231 316 407 — *20 f* **P** III 231.

25 *1* **B** 60 — *3* **T** I 440 **P** II 416 — *4* **P** II 324 — *5* **P** III 298 — *6* **B** 131 — *7* **P** III 471 — *9* **B** 131 — *12* **P** II 372 — *13* **P** II 307 — *15* **P** I 384 II 307 — *16* **P** II 308 — *17* **P** II 372 394 413 III 76 297 360 497 635 — *18* **T** II 257 **P** III 472 — *19* **P** I 152.

26 *13* **P** III 203 — *15* **P** I 197 413 — *15 f* **P** I 427 — *16* **P** I 245 394 III 186 431 — *17* **T** I 234 — *19* **P** I 185.

27 *4* **P** III 457 — *5* **T** I 30 68 — *6* **T** I 68 — *7* **B** 59 — *8* **T** II 102 — *9* **T** II 288 **B** 106 — *12* **T** II 288 360 479 — *13* **P** I 494 III 210 701 — *15* **P** I 113 II 239 — *15-26* **T** II 93 **P** III 276 577 — *26* **P** II 182 III 280 637.

28 *1* **P** II 372 III 525 609 — *1-14* **P** II 403 — *3* **P** III 519 — *4* **P** III 440 — *6* **P** III 215 519 — *10* **T** I 119 II 144 218 **P** III 406 — *12* **T** II 137 219 289 **P** I 324 394 413 II 183 216 323 III 357 **B** 70 — *13* **P** I 392 — *15-68* **P** II 403 — *21* **P** II 337 — *24* **P** I 394 — *29* **T** II 173 — *36* **P** I 529 — *38* **T** II 240 — *40* **P** III 230 — *47 f* **T** I 46 57 **P** II 281 **B** 85 — *48* **P** II 41 — *56* **T** I 51 52 — *59* **P** I 303 — *63* **P** I 435 — *65* **P** I 62 370 428 — *66* **T** I 34 **P** III 89 — *68* **T** II 129 132 **P** I 529 II 262 373 III 186 **B** 7 — *68 f* **P** I 69 — *69* **P** I 355.

29 *3* **P** I 174 529 — *3 f* **P** III 41 — *8* **P** I 137 II 28 **B** 133 — *9* **P** I 55 164 II 326 III 385 **B** 70 — *10* **P** I 402 III 721 — *11* **P** I 428 — *14* **P** I 547 II 232 III 453 **B** 145 — *22* **P** I 417 — *27* **T** I 143 — *28* **T** II 241 **P** I 387.

30 *3* **T** II 98 — *5* **P** I 335 442 — *9* **P** III 181 — *12* **P** I 12 236 III 103 **B** 42 — *12 f* **P** III 758 — *14* **P**

I 529 II 262 — *19* **T** I 316 II 57 347 **P** III 672 — *20* **P** II 30.

31 *2* **P** I 81 — *9* **B** 85 — *11* **P** III 635 — *12* **T** I 234 **P** II 47 — *14* **P** I 548 II 132 420 III 428 — *16* **T** I 87 172 II 145 376 **P** III 335 — *17* **P** III 137 — *18* **B** 99 — *19* **T** I 304 **B** 69 77 99 — *21* **T** II 91 **P** I 230 — *23* **P** I 230 — *26* **T** II 122 **P** I 362 — *27* **T** I 250 — *28* **P** II 245 400.

32 *1* **T** II 541 544 555 **P** I 84 530 III 473 585 — *2* **T** II 198 296 299 II 390 540 543 **P** I 113 III 376 **B** 48 124 — *3* **T** II 161 **B** 52 — *4* **T** I 399 **P** I 8 — *6* **T** II 43 209 391 392 **P** III 54 772 — *8* **T** II 301 — *9* **P** II 373 III 318 — *11* **P** II 419 — *12* **P** III 78 — *13* **P** II 55 — *14* **P** III 112 — *15* **T** II 391 — *18* **T** II 43 209 257 **P** I 361 II 211 III 611 — *19* **T** II 27 209 **P** III 576 — *20* **T** II 391 — *21* **P** I 213 — *23* **P** II 520 — *24* **P** II 218 — *28* **T** II 257 — *30* **T** II 552 **P** I 454 III 297 — *31* **B** 124 — *32* **T** II 205 258 **P** I 182 — *34* **T** II 301 — *35* **T** II 188 **P** I 246 — *37* **T** II 258 — *38* **B** 81 — *39* **P** I 338 II 416 — *41* **T** II 258 — *43* **P** II 4 III 186 — *47* **P** III 452 457 — *48* **P** I 279.

33 *1* **P** I 70 408 III 270 336 391 396 424 524 — *2* **T** II 118 173 209 347 **P** I 234 251 386 431 II 499 III 187 — *3* **B** 103 — *4* **P** I 254 III 424 524 **B** 74 — *5* **T** II 140 **P** II 137 III 383 — *6* **P** I 434 516 III 215 — *7* **T** II 43 210 298 **P** I 303 II 37 380 422 — *9* **T** II 120 **B** 145 — *10* **T** II 120 **P** I 395 — *11* **B** 35 — *12* **T** II 479 **P** I 461 II 452 **B** 6 111 — *16* **T** II 101 **P** I 436 II 494 — *17* **P** I 182 III 48 — *19* **P** I 299 **B** 103 — *21* **T** II 215 **P** II 420 III 424 524 — *22* **P** III 373 — *23* **T** I 312 **P** I 231 303 III 137 — *26* **P** III 214 — *27* **T** II 186 479 **P** II 104 291 522 III 218 354 — *28* **P** I 428 — *29* **P** II 158 359 III 336 774.

34 *4* **T** I 154 322 **P** I 70 — *5-12* **T** II 48 259 **P**

III 727 — *5* **P** II 56 — *6* **T** I 116 248 **P** I 164 472 474 559 II 117 III 89 — *7* **T** II 289 — *8* **B** 85 — *10* **P** II 399 III 424 524 — *11* **T** II 281 — *12* **P** I 80.

Josua יהושע

P III 543 655

1 *1* **P** I 467 — *8* **T** I 247 262 II 122 **P** I 70 137 364 510 II 24 157 III 116 452.

2 *1* **T** II 113 259 433 — *6* **P** II 506 — *11* **P** II 399 III 363 — *12* **P** II 506 — *13* **P** II 506.

3 *9* **P** II 288 — *11* **T** I 246 **P** I 502 — *16* **P** I 273 II 352.

4 *3* **T** II 210 — *13* **P** I 55 III 152 — *14* **P** III 248 — *18* **P** III 376 — *22* **P** I 325.

5 *1* **T** II 291 — *2* **P** III 376 — *3* **P** II 334 — *13* **P** I 267 — *14* **P** II 262 428.

6 *15* **T** I 176 **P** III 115 — *21* **P** III 377 441 — *23* **T** II 113 — *26* **T** II 173.

7 *1* **B** 38 — *2* **P** III 289 — *5* **T** II 241 — *6* **T** II 281 **P** I 104 — *10* **P** I 40 II 47 **B** 6 35 — *11* **P** III 534 575 — *15* **P** III 534 — *20* **T** II 405 **P** I 25 517 III 473 — *21* **P** I 286 III 683 **B** 39.

8 *13* **P** I 303 — *30* **T** II 67 **P** III 722 — *33* **P** III 608.

9 *4* **P** III 721 — *7* **P** II 56 — *11* **P** I 265 — *23* **P** II 56.

10 *10* **P** II 506 — *11* **P** I 413 — *12* **T** II 122 **P** I 84 II 262 III 289 — *13* **T** II 176 **P** I 149 260 501 505 II 41 III 48 561 585.

11 *13* **P** II 41 — *15* **T** II 541.

12 *9-24* **P** I 287 III 622 — *24* **T** II 216 **P** III 305.

13 *3* **P** I 75 — *22* **B** 142.

14 *15* **T** II 334 **P** I 129 II 373 III 741.

15 *8* **T** II 479 — *37* **P** II 522 — *63* **P** II 318.

16 *6* **P** II 453 III 652 758.

19 *9* **P** II 422 — *50* **P** II 71 — *51* **P** II 47 III 440.

20 *2* **T** II 210 **P** I 461.

21 *40* **T** II 417.

22 *22* **P** I 62 556 — *30* **B** 144.

24 *1* **P** I 164 — *3* **P** III 137 — *11* **P** I 505 — *19* **P** I 556 II 292 III 536 — *22* **T** II 56 — *26* **T** II 259 — *30* **P** I 165 — *31* **P** III 536 — *32* **T** II 299 **P** I 450 472 II 419.

Richter שופטים

1 *1* **P** II 467 — *2* **P** I 165 475 — *13* **P** II 126 — *14* **P** II 262 — *15* **P** III 573 — *16* **T** I 211 II 118 — *18* **P** II 101 — *22* **P** III 256 — *25* **P** I 55 273 — *26* **T** II 25 — *30* **P** III 644.

2 *1* **P** II 452 — *9* **P** II 71 — *15* **P** II 462.

3 *2* **P** I 500 — *8* **P** III 127 — *10* **P** I 517 — *20* **P** III 83 720 — *23* **P** III 256 377.

4 *3* **P** I 378 II 236 — *3 f* **P** III 769 — *4* **P** III 353 — *5* **P** II 322 III 775 — *8* **T** II 259 — *9* **P** II 80 **B** 82 — *15* **P** II 506 — *18* **P** I 395.

5 **T** II 218 — *1* **P** II 452 III 82 — *2* **P** I 140 243 — *7* **P** I 70 — *11* **P** I 96 — *14* **P** II 263 III 497 — *20* **P** I 84 413 II 254 — *23* **T** II 99 **B** 96 — *24* **P** I 530 II 71 — *28* **P** II 79 — *31* **T** II 146 **P** II 295 III 339 586.

6 *1* **P** II 469 — *6* **P** II 263 373 518 — *11* **P** II 85 — *12* **P** I 155 — *13 f* **P** III 440 — *24* **P** III 752 769 **B** 97 — *26* **P** II 484.

7 *13* **P** I 175 — *19* **T** II 448 **P** I 20.

8 *27* **P** III 571 — *32* **P** I 403.

9 *8-15* **P** III 615 — *13* **P** I 77 — *25* **P** I 267 — *38* **T** I 167.

10 *6* **P** I 436 II 71 — *18 f* **P** III 769.

11 *3* **P** I 149 — *26* **P** II 228 — *31* **P** I 83 — *37* **P** III 770 — *39* **P** I 267 III 615.

12 *8* **B** 14.

13 *4* **P** III 720 — *5* **P** I 461 II 161 — *11* **B** 83 135 — *13* **T** II 507 — *15* **P** II 220 — *18* **T** II 388 — *24* **P**

I 287 — *25* **T** II 274 **P** I 461 518 III 720.

14 *1* **P** I 505 — *4* **P** II 56 106 — *5* **P** III 41.

15 *4* **P** II 195 — *18* **P** I 303 II 334 — *19* **P** III 720 — *20* **P** III 127.

16 *3* **B** 78 — *4* **T** II 485 — *16* **P** I 267 III 720 — *17* **P** I 182 — *18* **T** II 480 **B** 113 — *21* **T** II 485 **B** 142 — *28* **P** III 137 — *31* **P** III 127.

17 **T** I 157 II 173 — *5* **T** II 452.

18 *27* **P** III 187 — *29* **P** I 561 — *30* **T** II 113 **P** I 288 518 II 22 226 III 617 — *31* **T** II 174.

19 **T** I 157 — *2* **P** III 563 **B** 68 — *5* **P** II 284.

20 *11* **P** I 153 — *12* **P** I 513.

21 *1* **P** I 288 — *17* **P** I 288 III 720.

Samuel I שמואל א

1 *1* **P** I 288 505 III 94 325 — *2* **P** I 475 II 246 331 — *3* **P** II 217 III 25 — *4* **P** I 165 — *6* **P** I 395 II 401 III 473 — *8* **P** II 373 — *9* **P** III 711 — *10* **P** II 57 — *11* **T** I 245 II 174 296 380 **P** I 288 436 II 57 246 263 374 399 III 643 692 — *12* **T** II 22 **P** II 318 **B** 113 — *13* **P** I 116 426 III 220 **B** 73 — *14* **P** II 19 — *15* **P** I 437 II 29 263 — *16* **P** II 13 III 679 — *17* **P** II 19 — *19* **P** II 52 283 — *21* **P** III 574 — *23* **P** III 42 — *24* **P** I 288 — *25* **P** II 57 — *26 f* **P** II 58.

2 *1* **P** I 112 III 583 — *2* **P** I 464 II 494 III 604 — *3* **P** II 23 374 — *4* **P** II 82 — *5* **T** II 259 414 — *6* **T** I 18 143 **P** I 175 — *8* **P** I 229 — *9* **P** I 229 II 195 III 39 **B** 135 — *10* **P** II 512 — *17* **P** I 9 — *21* **P** III 499 — *22* **T** II 527 **P** I 84 — *23* **P** II 133 — *24* **P** III 54 **B** 135 142 — *25* **T** I 186 — *27* **T** II 98 **P** I 70 — *29* **P** III 483 — *30* **T** I 429 II 157 **P** III 40 — *31* **P** III 551 — *32* **P** I 78 — *33* **T** I 30 — *34* **P** I 505.

3 *1* **P** II 196 — *3* **T** II

295 — *10* **T** II 286 **P** II 81 507 — *11* **P** I 506 — *13* **T** II 205 — *14* **P** I 85 II 178 — *17* **T** II 181 **P** II 133 — *19* **P** III 187.

4 *12* **P** II 352 — *18* **P** III 306.

5 *2* **P** I 273 378 — *5* **P** I 267 — *9* **P** I 378.

6 *12* **T** II 52 **P** I 399 530 — *19* **P** II 42 120 334 III 455.

7 *6* **P** II 265 453 III 42 — *9* **P** II 484 III 722 **B** 75 135 — *10* **P** II 506 — *15* **P** III 42 — *17* **P** I 273 506 II 215.

8 *1* **B** 79 — *2* **P** III 137 — *3* **T** I 315 II 52 181 210 527 **P** I 84 II 133 III 366 — *5* **T** II 216 414 — *7* **T** II 124 — *11-17* **T** II 174 — *19* **P** III 53 — *20* **T** II 414 — *22 f* **P** III 769.

9 *12* **T** II 187 210 **P** III 613 — *13* **T** II 448 — *16* **P** III 555 — *19* **P** II 400 — *21* **P** I 513 — *24* **P** I 273 506 II 42.

10 *2* **T** I 312 II 50 **P** I 36 75 — *24* **P** III 597.

11 *2* **P** II 374 457 — *8* **P** I 438 II 239 **B** 144.

12 *3* **P** II 479 — *5* **P** II 78 — *7* **T** I 116 — *11* **P** I 113 — *15* **P** III 533 — *17* **P** I 84 — *18* **P** III 581 — *22* **P** I 530.

13 *1* **B** 59 136 — *22* **P** II 263.

14 *15* **P** I 543 — *25* **P** I 384 III 457 — *34* **P** II 42 **B** 70 — *35* **P** III 256 — *45* **P** I 289 II 42.

15 *2* **P** I 405 II 399 — *3* **T** II 542 — *5* **P** III 453 — *6* **T** II 235 304 **P** II 80 — *9* **T** II 519 — *23* **P** I 531 — *27* **B** 6 — *28* **P** III 626 — *33* **P** II 236 487 III 744.

16 *1* **P** I 388 II 81 332 III 43 — *2* **T** II 439 — *6* **P** II 400 — *7* **P** III 613 — *11* **P** II 374 — *12* **P** I 550 II 263 494 — *18* **P** II 127.

17 *1* **P** I 273 — *7* **P** II 71 — *12* **P** III 325 — *16* **P** II 272 — *18* **P** III 187 — *25* **P** I 83 — *28* **P** III 613 — *36* **T** I 219 II 210 448 — *40* **P** II 374 — *42* **P** III 249 — *44* **P** II 487 III 480 — *46* **P** I 61 — *49* **T** II 480 **P** I 51 II 470 — *55* **P** I 268.

18 *19* **T** II 171 — *30* **P** III 187.

19 *11* **P** III 191 — *12* **P** III 67 — *18* **P** III 299 — *23* **B** 118 129.

20 *1* **P** III 590 — *26* **B** 139 — *30* **B** 134.

21 *8* **P** I 531 II 246 494 III 744.

22 *3* **P** II 60 — *17* **P** III 43 — *18* **P** III 187.

23 *1* **P** III 695 — *3* **T** I 250 — *17* **T** II 323 — *26* **P** III 524 — *27* **T** II 480 **P** III 257 325 — *28* **P** I 506 II 58.

24 *4* **P** II 42 — *5* **P** I 437 — *6* **T** II 259 — *11* **P** II 58 — *14* **P** I 395 — *21* **P** III 626.

25 *1* **P** I 165 519 II 171 — *2* **P** III 75 — *3* **P** II 453 — *5* **P** I 267 — *6* **P** I 136 — *9* **P** II 337 III 734 — *10* **P** III 300 — *11* **P** III 75 — *13* **P** I 267 — *20* **P** III 533 — *22* **T** II 259 — *29* **T** II 66 168 300 **P** II 474 III 731 — *31* **P** II 247 374 **B** 82 — *32* **P** II 237 — *36* **P** I 519 — *38* **P** I 531 II 133 **B** 81 — *44* **P** III 743.

26 *10* **P** I 273 II 352 — *15* **P** I 289 — *19* **P** II 71.

28 *3* **T** II 281 **P** I 211 II 171 — *5* **T** II 337 — *8* **P** III 67 298 — *11* **P** II 116 — *14* **T** II 281 — *15* **T** II 467 **P** III 716 — *19* **T** I 12 **P** I 288 519.

30 *17* **P** I 149 III 641 — *25* **P** III 257.

Samuel II שמואל ב

1 *1* **P** II 467 — *11* I 153 384 II 123 — *13* **T** I 147 — *16* **P** II 247 — *18* **P** I 260 500 II 37 — *20* **P** III 611 — *21* **P** I 374 — *24* **T** II 260.

2 *14* **P** I 165 — *23* **P** I 273.

3 *3* **P** I 265 II 285 — *5* **B** 14 — *12* **P** I 388 — *14* **B** 143 — *15* **P** I 290 — *26* **P** II 494 — *27* **P** I 304 — *29* **P** I 61 — *36* **B** 118 133 — *39* **P** III 421 **B** 79.

4 *2* **P** III 389.

5 *5* **P** III 229 — *21* **B** 56 — *24* **P** I 14 III 377.

6 *1* **P** II 495 — *2* **T** II 113 — *6* **P** I 273 — *7* **T** II

452 **P** I 274 290 II 42 — *11* **T** II 183 **P** III 580 — *13* **P** III 455 — *20* **P** II 495 — *23* **P** III 188.

7 *4* **P** II 458 — *9* **P** I 337 — *10* **T** II 97 **P** I 494 **B** 56 — *12* **P** I 520 — *14* **P** II 450 — *18* **P** II 61 III 660 — *19* **T** II 31 **P** II 458 — *23* **T** I 121 288 **P** I 257 489 II 495 — *29 f* **P** I 289.

8 *2* **T** II 122 **P** I 166 — *3* **P** II 225 — *6* **P** II 447 — *15* **T** II 241 311 — *15 f* **P** II 58 488.

10 *2* **P** II 60 — *16* **B** 38.

11 *1* **P** III 184.

12 *4* **P** II 213 — *6* **T** II 555 — *9* **T** I 15 II 485 **P** I 84 III 557 — *13* **P** I 289 III 746 **B** 135 — *25* **P** I 265 — *30* **P** I 445 II 42 III 300.

13 *19* **T** II 315 — *22* **P** III 656 — *39* **T** II 295.

14 *26* **T** I 362 II 174 380.

15 *7* **T** I 192 — *9* **P** III 770 — *11* **P** II 196 III 128 — *14* **P** III 257 271 — *18* **P** III 70 — *30* **P** I 166 II 508 — *32* **T** II 260 **P** III 635.

16 *8* **P** II 496 — *12* **T** II 205 — *23* **P** II 225.

17 *2* **T** II 337 — *4* **B** 105 — *19* **P** I 81 — *23* **P** III 731 **B** 11 — *25* **P** I 152 520 — *27* **T** II 480 **B** 14.

18 *12* **T** I 129 — *15* **T** II 53 — *18* **P** I 378 II 522 **B** 65 — *30* **P** II 496.

19 *1* **P** III 683 — *7* **P** III 101 — *21* **P** I 70 — *30* **B** 11 — *32-40* **P** III 257 — *36* **P** III 522.

20 *1* **T** II 205 **P** II 59 — *21* **P** III 188 257 590 — *22* **T** II 113 — *26* **P** III 249 — *26 f* **P** II 496.

21 *1* **P** I 227 379 II 43 III 43 — *6* **P** III 418 — *8* **T** II 171 — *10* **P** I 95 98 121 — *14* **P** II 193 — *16* **P** I 166 **B** 9 — *17* **P** I 166 — *18* **P** II 272 **B** 38 — *19* **P** I 531 — *22* **P** II 272 387.

22 **T** II 218 — *1* **P** III 128 246 — *11* **P** III 158 — *12* **T** I 136 **P** I 267 — *26* **P** II 215 — *28* **P** I 333 — *37* **P** I 166 — *40* **P** II 133 — *51* **P** III 246.

23 *1* **P** I 71 II 469 III 117 — *3* **P** II 214 — *8* **P** II 109 127 200 **B** 30 — *11* **P** I 506 II 335 — *15* **P** II 300

B 127 — *21* **P** II 123 — *39* **P** III 723.

24 *1* **P** II 71 — *6* **P** I 304 — *9* **P** I 152 II 330 — *10* **T** II 363 — *14* **P** I 20 — *16* **P** I 532 II 59 — *22* **B** 97 — *23* **B** 83 — *24* **T** II 281 388 **B** 124 — *25* **P** I 395.

Könige I מלכים א

1 *1* **P** I 437 520 — *4* **P** II 242 531 — *6* **P** I 437 — *9* **B** 105 — *14* **P** I 62 — *33* **P** II 234 — *36* **P** III 676 — *40* **P** I 163 — *44* **P** III 160 — *47* **B** 126.

2 *1* **P** II 400 — *8* **T** II 298 **B** 139 — *11* **P** III 441 **B** 54 — *19* **P** II 61 — *22* **P** I 290 — *23* **P** II 171 — *24* **P** II 382 — *26* **P** II 331 — *28* **P** I 267 445 II 59 III 474 — *34* **P** II 196 **B** 11.

3 *1* **B** 143 — *9* **T** II 535 **P** I 122 — *13* **T** I 441 — *15* **P** II 248 III 244 — *16* **T** II 53 **P** I 149 — *23* **P** II 449 III 617 — *25* **T** II 216 — *27* **P** II 79.

4 *3* **P** I 290 — *19* **T** II 260 — *20* **T** II 286 **P** II 375.

5 *3* **P** II 248 III 580 — *4* **P** I 389 **B** 19 — *5* **P** I 263 — *7* **P** I 475 — *9* **P** I 353 — *10* **P** I 248 — *10-14* **P** II 279 — *11* **T** I 158 — *12* **T** I 527 **P** III 137 **B** 74 — *15* **P** III 177 — *28* **P** III 416.

6 *1* **T** I 158 **P** I 19 267 — *2* **P** III 103 — *4* **P** I 20 II 328 — *7* **T** II 241 **P** III 299 377 — *17* **P** I 141 III 237 — *20* **P** I 19 III 103 — *38* **P** I 19.

7 *8* **P** III 289 — *14* **P** I 290 — *15* **T** II 295 — *36* **B** 140 — *50* **P** II 447 III 588 — *51* **P** III 495.

8 *2* **T** I 258 **P** I 19 — *8* **T** II 495 **P** III 209 — *11* **T** I 364 — *12* **P** III 389 — *13* **P** III 299 389 — *23-55* **P** I 492 — *28* **T** II 547 — *41* **P** I 147 — *54* **P** III 71 696 — *56* **P** I 255 — *59* **T** II 480 **B** 70 — *63* **P** II 328 — *65* **P** I 291 — *66* **P** II 227 263.

9 *3* **T** II 161 **P** II 36 — *13* **B** 59 137.

10 *1* **P** I 81 III 766 — *8* **P** III 137 — *12* **P** III 302 — *18* **P** III 416 527 — *19* **P** III 138 — *21* **T** II 122 — *27* **T** II 327 **P** I 437 II 248.

11 *1* **T** I 393 II 123 181 **P** I 150 — *4* **P** I 76 84 II 196 — *7* **T** II 172 — *16* **P** I 96 III 441 — *21* **P** II 196 — *26* **P** III 325 — *27* **P** I 291 — *29* **T** II 186 **P** II 531 **B** 12 30 — *30* **B** 6 — *36* **P** II 332.

12 *16* **T** II 123 205 — *27* **P** III 729 — *31* **P** III 525 701.

13 *2* **P** II 283 496 — *4* **P** II 305 III 705 — *6* **P** I 167 — *11* **T** II 55 181 **P** I 519.

14 *9* **T** II 285 — *12* **T** I 371 — *14* **P** II 532 III 29 — *15* **P** I 65 — *25* **P** I 521 — *26* **P** I 203.

15 *5* **P** II 127 — *22* **B** 118 129.

16 *15* **P** III 250 — *24* **P** I 291 — *31* **P** I 291.

17 *1* **T** II 380 **P** I 84 II 171 196 III 751 **B** 32 — *6* **T** II 260 **P** II 486 III 585 — — *7* **P** III 318 — *9* **P** I 292 — *15* **P** II 436 III 188 — *17* **T** II 129 — *18* **P** I 468 — *20* **P** III 210.

18 *1* **P** I 274 III 318 **B** 65 — *3* **P** I 26 II 80 249 — *4* **P** II 43 120 249 — *13* **P** II 507 — *22* **P** II 507 — *30* **P** I 562 — *31* **P** III 495 — *36* **P** I 144 492 III 490 — *37* **P** I 403 II 57 III 49.

19 *2* **P** III 191 — *3* **P** III 271 — *11* **P** III 296 433 — *12* **T** II 357 **B** 78.

20 *6* **P** I 291 — *28* **T** II 105 — *42* **T** II 124.

21 *7* **P** I 149 — *10* **T** I 157 — *13* **T** I 157 — *25* **P** I 298 **B** 13 — *27* **P** III 68.

22 *6* **P** II 232 — *19* **P** II 472 III 220 — *20* **P** I 451 — *21* **P** I 274 — *22* **B** 142 145 — *23* **P** II 82 — *28* **P** I 403 — *36* **P** III 544 — *38* **B** 129 — *48* **P** II 325.

Könige II מלכים ב

2 *9* **P** I 292 — *11* **P** III 71 188 418 657 764 — *12* **P** II 123 — *15* **P** III 178 — *19* **P** III 90 — *21* **T** II 334 — *23* **P** II 72 — *24* **T** II 25 **P** I 28 274.

3 *4* **P** I 150 II 483 — *9* **B** 109 — *11* **T** II 92 — *12* **P** III 55 — *15* **P** I 355 II 353 III 664 — *27* **P** II 523 **B** 39.

4 *8* **T** II 129 **P** III 188 — *9* **T** II 286 **P** I 174 437 III 71 166 416 — *10* **B** 39 — *11* **P** II 215 — *18* **P** III 457 — *23* **P** II 223 — *27* **P** I 241 — *35* **T** I 186 — *39* **T** II 43 **P** I 266 — *43* **B** 105.

5 *2* **P** III 617 — *9* **P** I 265 — *18* **P** II 34 225 — *27* **P** I 61 258 II 265.

6 *17* III 763 — *30* **P** II 47 III 68.

7 *1* **P** I 85 — *3* **P** I 292.

8 *1* **P** I 231 274 **B** 79 — *5* **P** I 292 II 398 — *9* **P** III 188.

9 *26* **P** III 289.

10 *13* **B** 113 — *22* **P** I 265 — *30* **T** II 297 **P** III 725.

11 *2* **P** I 506.

12 *11* **P** II 21 — *14* **P** III 301.

13 *21* **P** I 475 III 544.

14 *6* **P** II 403 — *25* **P** III 455 — *27* **P** III 593.

15 *5* **P** III 758.

16 *15* **P** III 325.

17 *13* **T** II 56 399 **P** III 570 — *21* **P** III 94 — *24* **P** II 189 — *30 f* **B** 16 — *32* **P** I 274.

18 *4* **T** II 485 — *11* **P** II 483 — *16* **P** II 334 354 — *18* **P** II 354 488 — *21* **P** I 182 — *25* **P** I 150 III 759 — *32* **T** II 141 — *37* **B** 144.

19 *15* **P** I 384 — *23* **P** II 528 — *35* **T** II 316 **P** II 127 III 641 **B** 142 — *37* **P** II 127.

20 *2* **P** I 140 175 III 537 — *3* **T** II 434 **P** I 117 203 — *5* **P** III 138 — *6* **T** I 338 **P** I 117 203 — *9* **P** III 443 — *11* **P** I 293 — *13* **P** I 293 389 — *18* **P** I 55.

22 *14* **T** II 217 **P** I 293 **B** 36 81 — *15* **B** 82 — *16* **T** II 514 **P** III 106.

23 *6* **B** 45 — *13* **T** II 172 — *15* **P** I 294 — *25* **P** I 84 — *29* **P** I 82 III 121.

24 *8* **P** II 396 — *14* **P** III 48 — *16* **P** III 60 188 — *20* **P** II 62.

25 *6* **P** II 120 **B** 65 — *7* **P** III 359 — *9* **P** I 138 — *18 f* **P** I 154 — *30* **B** 6.

Jesaja ישעיה

T II 318 **P** III 555

1 *1* **T** II 485 543 **P** I 106 167 230 — *2* **P** I 413 — *3* **T** II 57 **P** III 216 — *7* **P** I 414 — *9* **B** 104 — *10* **P** II 355 — *11* **B** 59 — *14* **P** II 72 — *15* **P** I 267 453 II 14 318 — *18* **T** I 154 316 **P** I 497 III 189 732 **B** 118 130 — *19* **P** II 420 — *19 f* **T** II 89 — *20* **P** III 120 — *21* **T** II 260 503 **P** I 22 97 II 16 400 III 189 — *22* **T** I 290 — *23* **T** II 514 **P** I 305 II 72 — *24* **T** II 260 **P** I 502 III 632 — *25* **B** 143 — *26* **T** II 406 559 — *27* **B** 96.

2 *2* **P** I 334 III 81 — *3* **T** I 395 **P** II 431 — *4* **T** I 148 — *5* **P** I 272 496 — *9* **P** III 593 — *11* **P** III 571 **B** 71 — *22* **P** I 101 **B** 29 40 96.

3 *1-5* **P** III 692 — *3* **P** II 94 123 169 — *4* **P** II 72 **B** 139 — *6* **B** 63 — *6 f* **B** 72 — *10* **P** I 443 III 71 321 441 708 — *12* **P** III 204 — *13* **T** I 190 — *14* **T** I 144 **P** I 11 II 215 — *16* **P** I 379 II 309 483 III 720 **B** 140 — *17* **P** I 61 437 II 43 197 III 377 — *18-23* **T** II 208 **P** I 364 — *20* **T** II 208 — *24* **B** 125 140 — *26* **P** I 437 II 48.

4 *3* **P** II 87 III 654 — *5* **P** I 11 335 338 — *5 f* III 173 — *6* **P** II 429.

5 *1* **T** II 73 — *2* **T** II 174 **P** I 384 — *3* **T** II 56 — *7* **P** III 426 — *8 f* **P** II 395 — *11* **T** II 110 — *12* **T** II 514 — *12 f* **P** I 305 — *13* **P** II 23 — *14* **T** I 333 **P** I 328 395 — *17* **P** III 198 **B** 109 — *18* **T** I 284 **P** II 168 — *20* **P** II 18 — *23* **P** II 376 — *24* **P** III 244.

6 **B** 131 — *2* **P** II 85 135 III 648 — *3* **T** I 84 **P** I 134 III 304 425 — *6* **P** I 330 412 532 III 696 — *7* **B** 37

— *8* **P** III 178 — *10* **T** II 414 **P** I 228 **B** 109 — *13* **B** 43.

7 *1* **P** I 540 — *2* **P** III 278 — *3* **P** I 167 **B** 105 — *6* **P** III 524 — *8* **T** II 177 — *20* **P** II 127 **B** 142 — *25* **P** II 161.

8 *2* **T** I 332 — *4* **T** II 18 — *6* **T** II 514 **B** 103 — *10* **P** II 358 — *14* **P** I 48 — *16* **P** I 540 — *17 f* **P** III 138 — *18* **P** I 113 — *19* **P** II 43 421 — *19 f* **P** II 447 — *20* **P** I 305 395 — *21* **T** I 294 — *23* **P** I 521 II 354 483 III 765.

9 *3* **P** III 763 — *4* **T** II 62 — *6* **P** I 249 — *7* **P** I 430 — *16* **T** I 444 **P** III 576 — *19* **T** I 443 **P** I 274 **B** 70.

10 *10* **P** I 294 — *13* **T** II 189 — *16* **P** I 222 483 II 43 — *19* **P** II 43 — *27* **P** II 263 III 257 — *30* **P** II 504 **B** 59 — *33* **P** II 18 — *34* **T** I 26 — *34 f* **P** III 412.

11 *1* **P** III 287 — *3* **P** I 201 — *9* **P** II 293 — *10* **P** I 308 III 121.

12 *3* **P** I 145 II 118 — *4 f* **P** I 399 — *5* **P** II 62 375.

13 *3* **B** 103 — *5* **P** I 330 II 406 — *21* **P** I 294 II 216.

14 *1* **P** III 57 363 — *2* **P** I 297 III 264 — *4* **P** I 506 II 484 **B** 30 — *5* **T** II 407 **P** II 375 III 532 — *7* **P** I 294 — *8* **P** II 164 — *12* **P** III 281 **B** 63 — *14* **T** I 45 — *19* **P** III 540 — *22* **P** I 71 — *23* **P** III 586 **B** 145 — *25* **P** I 305 — *26* **T** II 163.

16 *5* **P** I 336.

17 *2* **P** I 305 — *4* **P** II 449 — *6* **P** I 168 293 III 189 — *11* **P** I 274 461 532 — *13* **P** II 76.

18 *5* **P** I 457 — *6* **T** I 337 **P** III 130 — *7* **P** III 189.

19 *18* **P** II 448 — *22* **P** I 370.

20 *2* **P** I 274 **B** 137.

21 *1* **P** I 21 II 375 — *4* **P** I 98 — *5* **P** II 477 483 — *11* **T** II 10 **P** I 146 274 II 478 — *12* **P** II 211 — *14* **P** II 455 527 — *15* **T** II 304.

22 *1* **P** I 259 II 375 — *1-12* **P** I 320 — *2* **T** II 289 — *4* **T** I 98 **P** III 563 — *12* **P** I 145 III 269 — *14* **T** I 258 **P** III 453 — *15* **P** II 62 III 366 — *16* **B** 37 —

17 **P** I 61 437 506 — *21* **P** II 62.

23 *5* **P** II 87 III 363 — *13* **T** II 498 **P** I 496 — *18* **T** II 410 **P** II 29 31.

24 *2 f* **P** II 231 — *5* **P** II 264 498 — *15* **P** II 133 496 — *16* **T** I 327 II 519 **P** I 51 II 294 III 408 **B** 103 123 130 — *21* **P** III 281 — *22* **T** I 188 — *23* **T** II 146 **P** I 33 II 105 III 214.

25 *6* **T** II 302 — *8* **P** I 187 338 **B** 95.

26 *2* **T** II 22 31 38 **P** I 367 II 433 III 325 — *3* **P** II 443 518 — *4* **T** II 222 **P** II 32 149 161 — *5* **P** I 336 II 72 — *6* **P** I 336 — *8* **P** II 283 — *10* **T** II 534 **P** I 563 II 118 230 — *12* **P** I 182 III 90 — *13* **P** III 189 — *14* **P** II 30 — *15* **P** II 375 — *16* **P** II 499 III 121 — *18* **P** III 267 — *19* **T** I 87 II 35 **P** I 337 II 18 30 433 III 210 360 532 751 — *21* **T** II 60.

27 *2* **P** I 415 — *3* **P** I 16 II 427 — *4* **P** II 375 528 III 544 — *5* **P** I 197 — *6* **P** III 411 — *7* **T** II 261 **P** III 411 — *8* **T** II 61 **P** I 239 II 520 — *11* **P** II 23 — *13* **T** II 472 **P** I 182 428 II 283 434.

28 *1* **P** III 46 — *5* **P** I 34 — *8* **T** II 88 — *16* **P** III 476 — *19* **T** II 124 **B** 142 — *20* **P** I 59 71 — *22* **P** II 18 III 271 629 **B** 129 — *25* **P** I 509 — *26* **P** I 444 **B** 93 — *27* **T** II 595.

29 *1* **P** III 724 742 — *4* **P** I 335 — *15* **T** I 32 **P** I 99 — *22* **P** II 52 — *23* **P** I 27 II 64 496 — *23 f* **T** II 469.

30 *14* **T** II 488 — *15* **P** II 184 314 — *16* **T** II 297 — *18* **P** I 86 II 432 III 119 377 **B** 113 — *19 f* **P** I 51 — *20* **P** II 107 481 III 542 — *20 f* **P** III 689 — *21* **P** I 211 II 2 26 — *22* **T** I 316 **P** II 72 III 301 570 — *23* **B** 140 — *24* **P** III 702 — *26* **T** II 234 **P** I 33 403 III 676 — *28* **P** II 231 — *29* **P** I 122 III 194 — *30* **P** II 456 — *32* **P** I 532 — *33* **T** II 188 **P** I 57 II 510.

31 *5* **P** I 181 III 90 — *9* **T** II 223 347 **P** II 447 586.

32 *1* **P** II 375 — *5* **P** II 442 — *12* **B** 97 — *15* **P** I

543 — *17* **P** II 16 **B** 117 — *20* **T** II 130 540.

33 *2* **P** II 283 — *3* **P** II 264 — *6* **P** I 362 III 565 **B** 127 — *7* **P** I 522 III 29 — *8* **P** I 532 — *10* **P** III 362 — *11* **T** II 223 — *12* **P** II 241 323 362 408 III 78 **B** 140 — *13* **B** 140 — *14* **P** I 67 III 171 587 — *15* **P** I 558 II 197 III 315 — *15 f* **P** III 614 — *17* **P** I 6 221 III 315 534 — *18* **P** II 109 247 — *20* **T** I 72 — *21* **P** III 189 **B** 32 — *24* **T** II 28 **P** II 3.

34 *4* **P** III 214 — *5* **P** II 432 III 281 — *6* **P** II 130 III 362 — *7* **P** I 456 — *9* **P** I 455 III 481 — *11* **P** I 455 II 511 — *16* **P** I 306.

35 *1* **P** III 384 — *2* **P** I 106 III 654 — *3* **P** III 257 325 — *4* **P** I 99 175 — *5* **P** III 689 — *6* **P** I 417 — *9* **P** II 433 — *10* **T** II 35 318 **P** I 418 548.

36 *17* **T** II 141.

37 *3* **P** III 702 — *15* **P** II 354 — *24* **P** II 528 — *36* **P** I 155.

38 *2* **P** I 395 532 II 376 523 — *3* **P** II 376 — *9* **P** I 532 — *10* **P** II 496 — *16* **P** I 368 384 II 140 — *17* **P** I 150 — *21* **P** II 333.

39 *1* **P** III 684 — *2* **P** II 162 376 — *7* **P** I 27.

40 *1* **P** II 169 433 446 532 III 178 306 392 426 — *2* **P** II 433 III 649 — *3* **P** II 433 — *8* **P** III 175 478 — *9* **P** III 587 — *12* **P** II 186 — *17* **P** III 281 540 — *22* **P** I 329 II 138 III 159 201 — *24* **P** III 411 — *26* **T** II 388 **P** II 290 — *27* **P** I 163 472 511 — *28* **P** I 328.

41 *2* **T** II 270 **P** II 401 III 82 179 — *3* **P** I 114 II 134 III 189 669 — *4* **T** II 99 **P** III 391 — *10* **P** I 104 — *14* **T** II 483 — *15* **B** 105 — *16* **P** III 412 — *19* **P** I 71 335 II 433 III 384 — *24* **P** II 394 III 359.

42 *2* **P** I 182 — *4* **T** II 510 — *5* **P** I 411 II 141 — *8* **P** III 139 416 — *11* **P** III 697 — *13* **P** II 432 — *16* **P** III 290 — *18* **P** III 689 — *21* **T** II 376 **P** I 395 III 139 326.

43 *1* **P** I 65 III 80 — *2* **P** II 376 — *3* **T** I 263 — *4* **P** I 372 II 10 III 701 — *6* **P**

III 666 **B** 54 — *7* **P** I 65 336 — *9* **P** I 144 564 — *10* **T** II 140 — *14* **T** II 98 **P** I 294 II 287 — *16 f* **P** III 189 — *16* **P** III 589 — *17* **P** III 258 — *19* **B** 103 — *21* **P** III 280 — *22* **T** I 375 **P** II 280 415 — *28* **P** II 391.

44 *6* **P** I 410 II 118 134 266 — *7* **P** II 31 — *11* **B** 13 — *13* **P** III 297 — *22* **T** I 408 — *24* **P** II 292 — *26* **P** II 376 — *27* **P** I 275.

45 *1* **B** 75 — *2* **P** III 760 — *3* III 474 — *7* **T** I 56 86 **P** III 480 — *8* **P** I 99 461 II 425 — *12* **P** I 371 III 585 — *14* **T** II 181 — *17* **P** I 135 — *18* **T** I 20 **P** I 561 — *19* **T** II 163 **P** III 369 — *22* **P** I 520 — *23* **P** III 122.

46 *1* **B** 82 — *4* **T** I 98 II 499 **P** II 358 429 — *7* **P** III 220 — *10* **P** III 326 335 631 647 — *12* **P** I 359 **B** 40 104.

47 *1* **P** III 289 — *2* **P** I 175 — *3 f* **P** I 176 — *6* **T** I 273 **P** I 252 — *13* **P** III 71.

48 *5* **P** I 176 — *8* **P** I 533 — *12* **P** I 198 III 737 — *13* **T** I 18 — *15* **P** III 416 — *16* **P** II 232 III 62 — *17* **P** I 462 II 81 **B** 57 — *22* **P** II 86.

49 *3* **P** II 82 III 170 760 — *4* **P** I 103 — *7* **T** I 144 **B** 136 — *8* **T** II 186 **P** I 426 — *9* **P** I 521 — *10* **P** II 7 — *14* **P** II 471 **P** III 498 — *14 f* **P** I 396 III 731 — *15* **P** I 99 II 134 III 139 — *16* **P** II 376 — *21* **P** II 18 — *23* **B** 146.

50 *2* **P** I 243 II 264 — *3* **P** I 145 **B** 70 — *4* **P** II 458 — *6* **P** III 178 — *8* **P** III 774 — *10* **P** II 264 — *11* **P** II 86 III 85.

51 *4* **T** II 175 **P** III 653 — *6* **P** I 542 III 214 — *9* **P** III 178 — *11* **T** II 493 — *12* **P** I 405 III 210 417 499 — *14 f* **T** I 232 — *14* **P** II 140 — *16* **P** I 235 II 376 520 **B** 105 — *20* **B** 23 — *21* **T** I 235 **P** III 525 — *22* **P** I 185.

52 *1* **T** I 264 — *2* **P** I 335 III 139 623 — *3* **T** I 145 — *7* **P** I 182 — *8* **P** I 337 — *10* **P** III 158 — *12* **P** I 548.

53 *5* **P** III 121 — *10* **P** II 140 **B** 10 — *12* **T** I 273 **P** III 230.

54 *1* **T** II 29 **P** I 249 II

331 III 83 — *2* **P** I 32 — *3* **P** I 443 — *6* **P** I 488 — *9* **P** I 473 **B** 136 — *10* **T** II 533 **P** III 358 — *11* **P** II 264 483 — *12* **P** I 50 189 335 562 II 335 III 54 666 — *13* **P** I 11 II 284 — *15* **P** II 35 — *17* **P** I 67 III 213.

55 *1* **T** II 297 468 **P** I 15 95 II 527 III 382 555 — *2* **P** II 502 — *3* **P** II 306 — *6* **P** I 71 II 107 **B** 81 — *7* **P** I 437 II 283 289 III 29 — *8* **P** III 499 — *10* **P** II 172 III 302 **B** 48 — *12* **T** II 233 — *13* **P** I 533.

56 *1* **T** II 218 **P** I 559 II 112 — *2* **P** I 246 II 182 — *4* **T** II 95 — *5* **T** II 514 — 7 **T** II 183 **P** III 167 — *11* **P** I 146 182.

57 *1* **T** I 243 **B** 110 — *2* **T** II 215 **P** II 85 III 599 601 — *6* **P** III 298 — *8* **T** I 357 **P** II 395 — *14* **P** I 22 132 **B** 143 — *15* **P** I 329 II 79 **B** 64 — *16* **T** I 192 II 66 **P** II 172 III 139 — *17* **P** I 135 II 496 — *19* **P** I 141 450 II 104 III 140 — *20* **P** I 197 — *21* **P** III 602.

58 **P** I 150 181 — *1* **T** II 196 — *2* **P** I 306 III 231 — *5* **P** II 49 — *5 f* **P** II 43 — *7* **T** I 295 **P** II 15 22 236 458 III 409 434 441 469 **B** 60 — *7-12* **P** II 214 — *8* **P** I 61 II 264 III 587 — *9* **P** II 377 — *11* **P** II 24 III 750 — *12* **P** III 377 — *13* **P** II 220 **B** 74 99 — *13 f* **P** I 111 II 184 — *14* **P** II 315.

59 *1* **P** II 289 — *2* **T** I 334 **B** 130 — *3* **P** I 397 — *10* **P** III 689 — *13* **P** I 485 — *15* **T** I 97 II 222 **P** I 46 **B** 36 — *16* **P** I 333 — *17* **P** I 543 II 15 414 — *19* **P** I 181 335 — *20* **T** I 369 II 35 **P** I 336 II 111.

60 *1* **P** I 369 II 430 III 120 757 — *2* **P** II 117 227 — *4* **T** II 35 — *5* **P** II 433 — *8* **P** II 431 III 81 740 — *12* **P** I 252 — *17* **P** II 15 — *19* **P** I 548 — *21* **P** I 333 **B** 118 — *22* **T** I 145 **P** I 152.

61 *1* **T** II 497 **P** I 133 543 III 178 — *5* **T** II 88 **P** II 433 — *6* **P** I 431 — *7* **P** I 186 416 — *8* **T** II 137 **P** II 323 III 630 — *9* **P** III 411 — *10* **P** I 462 — *11* **T** I 316 **P** II 33 III 673.

62 *2* **P** II 33 — *3* **P** II 113 — *5* **P** II 147 — *6* **T** II 232 **B** 140 — *8* **P** II 265 — *11* **P** III 363 461.

63 *1* **T** II 98 **P** I 249 543 — *2* **P** I 543 — *3* **T** II 138 **P** I 415 III 71 — *4* **T** I 146 **P** III 295 750 — *8* **T** II 414 — *9* **P** I 409 — *11* **P** I 404 — *16* **T** II 164 **P** I 72 — *17* **P** III 190 — *19 f* **T** II 296.

64 *1* **P** II 510 — *3* **T** II 536 **P** I 239 336 338 414 416 557 II 173 432 III 553 — *4* **P** I 135 — *5* **P** I 10 — *9 f* **P** II 36.

65 *1* **P** III 492 — *3* **P** II 106 395 — *8* **P** II 465 III 217 — *11* **P** II 26 — *13* **T** II 67 — *20* **P** I 418 **B** 95 — *22* **T** II 127 146 488 **P** III 625 — *23* **P** III 77 — *24* **P** II 83 — *25* **P** II 56 167 III 60.

66 *1* **P** II 213 **B** 59 139 — *1 f* **P** II 79 — *2* **P** II 359 III 258 306 — *3* **P** I 379 — *5* **T** II 202 — *6* **P** I 146 455 — *12* **P** I 181 II 405 III 90 — *13* **P** I 545 — *14* **P** III 140 — *15* **P** II 117 — *16* **P** I 33 — *20* **P** I 96 III 189 190 — *22* **T** II 169 304 — *23* **T** I 374 **P** I 53 III 315 494 — *24* **T** II 189 **P** I 357 397.

Jeremias ירמיה

1 *1* **T** II 37 **P** II 395 III 157 203 367 — *3* **P** I 440 — *5* **P** I 206 — *6* **P** II 305 — *11* **P** III 540.

2 *2* **P** I 40 II 355 455 — *3* **P** I 410 II 496 — *5* **T** II 494 **P** I 99 II 195 238 III 190 — *7* **P** II 3 — *11* **T** II 205 *13* **P** I 256 II 197 **B** 79 — *18* **P** III 431 — *23* **P** III 185 — *25* **B** 137 — *28* **P** II 395 — *30* **P** I 486 **B** 135 — *35* **T** II 534 — *35* **P** II 265 III 42.

3 *3* **B** 74 — *9* **P** I 56 — *12* **T** II 59 **P** I 294 II 377 — *14* **P** I 82 328 **B** 8 31 — *17* **T** I 202 II 327 **P** I 32 — *19* **P** I 176 287 462 II 33 III 378 **B** 66 — *19 f* **P** II 277 — *20* **P** III 191 — *22* **T** I 144 — *23* **T** I 258 — *25* **T** II 59 **P** II 226.

4 *1* **T** I 144 — *6* **P** I 182 II 432 — *9* **P** II 264 — *12* **T** II 264 — *18* **P** II 134 — *22* **P** II 177 III 216 — *23* **P** III 387.

5 *1* **P** III 320 **B** 127 — *6* **P** I 306 — *16* **B** 37 — *17* **P** I 227 — *19* **P** II 187 — *24* **P** II 44 — *30* **P** I 442.

6 *7* **P** I 182 II 106 **B** 137 — *10* **P** III 689 — *11* **B** 74 — *16* **T** II 57 — *18 f* **T** II 57 — *26* **P** I 409.

7 *4* **T** II 296 **P** III 389 — *11* **B** 106 — *31* **P** I 83 III 441.

8 *2 f* **B** 126 — *5* **B** 40 — *7* **T** II 57 — *16* **P** I 297 — *18* **P** I 28 — *19* **P** I 264 — *22* **P** I 83 — *23* **P** III 211.

9 *4* **P** III 22 — *7* **P** I 384 — *9* **T** II 176 **P** I 182 — *11 f* **P** II 504 — *12* **P** III 40 — *16* **P** I 409 — *17* **P** I 322 II 505 — *18* **P** II 280 — *23* **P** III 116 — *25* **T** I 226.

10 *2* **T** II 362 **P** I 249 — *8* **P** I 256 551 **B** 79 — *10* **P** II 82 III 417 — *11* **T** II 334 **P** I 251 — *12 f* **P** III 140 — *13* **P** III 485 — *15* **P** II 289 — *16* **P** I 329 II 134 III 81 — *24* **P** III 191.

11 *5* **T** II 391 — *13* **P** I 106 II 395 — *15* **P** I 522 — *15 f* II 249 — *16* **P** I 144 247 462 III 120.

12 *5* **T** I 250 — *14* **P** II 319.

13 *11* **P** I 493 III 177 — *15* **P** III 474 644 — *16 f* **P** I 320 — *17* **P** I 506 II 36 III 48 — *21* **P** III 202.

14 *17* **P** III 498 — *19* **P** III 731.

15 *2* **P** I 306 III 367 — *8* **P** II 162 — *9* **P** I 176 — *10* **P** II 530 — *15* **P** I 327 — *16* **P** II 279 — *17* **P** II 505 — *19* **T** II 3 **P** I 64.

16 *5* **T** II 414 533 **P** II 460 III 367 — *11* **P** II 197 — *13* **P** I 32 III 367 — *14* **T** I 428 II 142.

17 *2* **P** II 44 — *8* **T** II 39 — *10* **P** III 103 258 — *12* **P** II 510 III 389 — *13* **T** I 111 288 — *18* **P** I 416 — *27* **B** 136.

18 *3* **P** III 93 — *6* **P** I 454 — *14* **P** III 378 — *22* **P** I 507 II 44 — *23* **B** 118.

19 *5* **T** II 414 **P** III 615.

20 *6* **P** I 462 III 63.

21 *12* **P** III 600 **B** 106.

22 *10* **P** I 136 — *19* **T** II 261 — *24* **P** III 683 — *28* **T** II 43 **P** I 463 507 II 497 III 60 — *29* **P** I 413 — *30* **P** I 14 III 49.

23 *5* **P** I 184 — *6* **P** I 65 II 430 — *13* **P** II 72 — *14* **P** I 533 — *24* **P** I 182 463 III 320 547 664 686 — *28* **T** II 130 — *29* **T** I 384 II 337 347 **P** I 438 II 29 **B** 93 145 — *38* **T** II 297.

24 *1* **B** 36 — *2* **P** II 377.

25 *9* **P** I 397 — *15* **P** I 185.

26 *20* **P** II 506.

27 *3* **P** II 62 — *6* **P** III 583 — *7* **P** III 184 — *12* **P** III 128 — *22* **B** 52.

28 *1* **P** I 168 — *3* **P** I 168 — *4* **P** III 129 — *6* **P** I 113 II 19 — *8 f* **P** III 129.

29 *10* **B** 124 — *21* **B** 64 — *22* **T** II 113 **P** III 367.

30 *6* **P** I 330 334 335 **B** 142 — *10* **T** II 28 **P** I 306 498 III 742 — *8 f* **T** II 29 — *13* **T** I 144 — *17* **P** I 267 II 331 416 — *18* **T** I 395 — *20* **P** III 598 — *21* **P** I 548 **B** 80 — *25* **P** I 454.

31 *1* **P** I 428 — *7* **T** I 94 **P** I 413 417 — *8* **T** II 57 **P** II 226 — *9-16* **P** I 275 — *9* **P** II 44 — *10* **P** III 417 — *11* **T** II 560 — *12* **P** III 432 — *14* **T** II 116 **P** I 524 III 74 — *19* **T** II 538 **P** II 265 409 497 III 191 258 463 — *20* **T** II 116 **P** II 108 185 — *21* **P** I 548 — *28* **P** III 429 — *32* **P** III 625 — *35* **T** I 216 — *37* **P** II 225.

32 *7* **P** II 506 — *11* **P** II 225 — *12* **P** II 506 — *14* **P** II 48 — *17* **P** I 239 — *18* **P** I 182 III 318 — *24* **P** III 213 — *31* **T** I 186 **P** I 318 III 247 763 — *41* **P** III 411 — *44* **P** I 22 **B** 106.

33 *3* **P** III 32 — *11* **P** I 180 II 134 **B** 136 — *25* **T** I 446 **P** I 565 II 31 357 — *26* **T** II 298.

34 *5* **T** I 237 **P** I 275 **B** 126 — *14* **P** III 701.

36 *22* **B** 39 — *27* **P** I 22 — *32* **P** I 463 III 608.

37 *21* **P** II 237.

38 *12* **P** II 218 — *13* **P** I 297 — *28* **P** I 263.

39 *2* **T** II 125 — *3* **B** 142 — *7* **B** 126 — *12* **P** III 140.

40 *1* **P** I 275 II 44 III 140 — *3* **T** I 203 **P** III 759.

42 *7* **T** I 421.

45 *3* **T** I 421 — *5* **T** I 422.

46 *18* **T** I 313 — *20* **P** I 21 150 II 171 — *22* **T** II 296 **P** I 454 II 446.

48 *10* **P** III 662 — *30* **P** II 458 — *47* **P** II 433.

49 *7* **T** I 161 — *16* **P** II 231 III 525 — *20* **T** II 472 — *22* **P** II 187 — *26* **P** II 433 — *38* **T** II 98 **P** II 287 III 756.

50 *17* **P** I 53 III 357 — *25* **P** II 265 — *29* **P** II 225 — *46* **P** I 44.

51 *1* **T** II 298 — *3* **P** II 225 — *9* **P** III 464 — *13* **P** I 99 — *29* **P** I 502 — *30* **P** I 20 — *39* **B** 40 113 — *49* **P** I 275 — *51* **P** II 280 — *59* **P** II 506 — *64* **P** I 259 II 37.

52 *3* **T** I 144 — *23* **T** II 174 — *24 f* **P** I 77 — *25* **P** I 154.

Ezekiel יחזקאל

T I 22

1 **T** I 341 II 144 399 480 **B** 131 — *1* **T** I 114 **P** III 140 585 — *7* **P** I 546 III 536 — *8* **T** II 411 — *10* **P** I 393 II 139 — *14* **P** I 438 II 197 III 71 612 — *15* **P** II 31 III 389 — *22* **T** I 128 **B** 139 — *24* **P** III 81 — *26* **P** III 191 616 — *28* **P** I 184 III 578.

2 *3* **P** I 258.

3 *12* **P** I 507 III 366 — *15* **T** I 421 — *22* **T** I 54 299.

4 *3* **P** II 36 — *4* **P** II 117 — *6* **P** II 117 — *9* **T** II 168 **P** I 463 507 — *11* **P** III 184 — *13* **P** II 123.

5 *5* **T** II 101 **P** III 78 — *7* **P** I 152 III 191 — *13* **P** I 65.

6 *9* **P** I 533.

7 *11* **P** I 227 II 72 — *16* **P** I 2 — *19* **P** II 251 — *22* **T** I 52 **P** I 101 **B** 143 — *24* **P** III 192.

8 *3* **P** III 547 — *5* **P** I 106 II 395 III 141 — *12* **P** II 395 — *16* **P** II 197 — *17* **T** II 205.

9 *1* **P** I 28 — *2* **P** I 163 II 193 III 192 **B** 68 — *4* **P** I 250 379 412 533 II 331 III 684 **B** 38 — *5* **P** I 330 —

27 *3* **P** II 327 — *6* **P** II 228 277 — *27* **P** III 49 — *28* **P** II 21 III 104.

28 *13* **T** II 297 **P** I 275 379 456 469 — *18* **P** II 453.

29 *12* **P** I 443 — *15* **T** II 467 — *16* **P** II 135.

30 *6* **P** II 228 — *12* **P** II 266 III 77.

31 *3* **P** II 114 — *15* **T** II 168 **P** I 52 — *18* **P** I 187.

32 *18* **P** II 82 — *19* **P** II 86 — *29* **P** I 456.

33 *11* **P** II 320 326 — *12* **P** II 83 — *19* **P** I 356 — *24* **T** I 314 II 113 234 305 **P** I 263 II 401 III 259.

34 *14 f* **P** III 320 — *31* **T** II 87 301 **P** I 306 III 320 392.

35 *6* **P** I 463 533 II 378 — *10* **P** III 258.

36 *8* **P** III 545 — *17* **P** II 336 — *20* **P** I 409 — *23* **T** II 430 — *25* **T** I 288 II 188 — *26* **T** II 546 — *27* **P** II 188 **B** 143 — *29* **P** I 231 — *37* **P** III 358.

37 **T** I 19 II 242 — *2* **P** II 523 — *9* **P** III 334 — *10* **B** 39 — *11* **P** III 582 — *12* **P** I 324 — *14* **T** II 544 — *25* **B** 109 — *27* **B** 64.

38 *8* **T** II 145 — *12* **P** I 413 — *14* **P** II 228 — *17* **T** II 235 — *22* **P** I 455 II 456.

39 *9* **P** I 457 — *15* **P** I 510 II 449 — *17* **P** I 455 III 530.

40 *25* **P** III 667.

41 *7* **T** I 395 **P** II 525 — *22* **T** II 88 **P** I 225 — *23* **T** I 69.

43 *2* **P** I 54 II 293 — *3* **T** II 214 — *8* **P** II 523.

44 *2* **T** I 69 **P** II 497 — *9* **P** II 489 **B** 70 — *12* **P** III 532 — *15* **P** I 150 — *30* **T** I 443 — *31* **P** I 260.

45 *18* **P** I 260.

46 *22* **T** I 69.

47 *1* **P** III 344 568 — *2* **T** I 69 — *5* **P** III 289 726 — *9* **P** III 562 — *12* **T** II 223 514 **P** I 21 275 **B** 65 — *23* **P** I 258.

48 *16* **P** II 225 — *19* **P** II 56 — *35* **P** I 65 II 430 **B** 131.

Hosea הושע

1 *1* **T** II 37 **P** I 292 II 447 III 571 — *2* **P** I 259 III 459 — *3* **T** II 210 **P** I 266 **B** 38 — *6* **P** I 438 II 83 — *9* **P** I 14 II 266.

2 *1* **T** II 27 388 **P** I 76 152 III 378 431 **B** 135 — *2* **P** I 334 — *7* **P** I 553 II 48 III 667 712 — *9* **T** II 158 — *10* **T** I 290 **P** I 72 III 216 — *11* **P** II 528 — *15* **T** II 187 — *16* **P** I 420 — *17* **B** 130 — *18* **P** I 275 — *21* **T** II 533 — *25* **P** I 327 II 35 266 III 411.

3 *2* **P** I 122 319 — *4* **P** II 469 — *5* **T** II 491 **P** II 433 III 171.

4 *4* **P** II 73 — *5* **P** I 367 — *6* **T** II 58 **P** II 28 108 197 III 140 764 — *7* **T** II 205 **P** I 533 III 474 — *10* **P** II 458 — *12* **B** 56 105 — *13* **P** II 226 395 — *14* **P** II 73 — *16* **P** II 505 — *17* **T** II 507.

5 *1* **P** III 595 — *2* **P** I 307 III 289 — *3* **P** I 370 — *4* **B** 56 — *6* **T** I 87 — *7* **P** I 294 **B** 136 — *8* **P** I 182 — *9* **P** I 429 — *10* **P** II 505 — *11* **P** II 316 — *15* **P** I 15 82.

6 *2* **B** 110 — *2 f* **P** II 183 — *3* **P** II 113 **B** 110 — *4* **P** III 54 — *5* **P** I 72 — *6* **T** I 39 II 89 — *7* **P** I 428 II 250 266 III 326 — *8* **P** II 44 — *9* **P** II 44 — *11* **B** 83 135.

7 *1* **P** I 370 — *5* **P** III 583 **B** 71 — *5-7* **P** III 733 — *7* **T** II 510 **P** III 702 — *13* **T** I 288 324 **P** I 321 — *15* **B** 130.

8 *3* **P** III 192 — *4* **T** I 290 — *10* **B** 54 96 — *12* **P** II 32 III 192 412 416 — *14* **P** III 405.

9 *1* **P** III 331 — *8* **T** II 444 — *10* **P** I 182 II 465 510 III 259 269 — *17* **P** I 212.

10 *2* **T** II 507 — *11* **P** III 679 — *12* **P** II 16 142 — *14* **P** II 283 505 III 215.

11 *1* **P** II 323 — *3* **P** III 678 — *4* **P** I 282 — *9* **P** I 335 II 17 266 III 326 **B** 79 — *10* **P** I 139.

12 *1* **T** II 56 214 **P** II 382 — *3* **P** I 497 — *4* **P** III

606 — *6* **P** II 85 — *7* **T** II 444 — *11* **T** I 114 — *12* **T** II 515 **P** I 106 533 II 395 III 474 602 — *13* **P** I 333 III 271 — *14* **P** III 495.

13 *1* **P** I 249 — *2* **P** II 237 III 720 — *6* **B** 79 — *14* **P** II 35 — *15* **B** 105 134.

14 *1* **P** I 534 — *2* **T** II 60 546 **P** I 356 534 II 17 312 III 166 499 — *3* **T** II 261 298 **P** II 110 266 458 **B** 126 — *5* **T** II 63 **P** I 140 — *6* **P** II 113 III 411 770 — *7* **T** II 146 — *8* **P** II 135 — *9* **P** I 307 — *10* **P** I 323 360 III 54 593 677.

Joel יואל

1 *1* **P** III 42 201 — *4* **T** I 443 — *17* **T** II 480.

2 *1* **P** III 499 — *11* **P** II 197 — *15* **P** II 431 III 106 — *16* **P** III 529 — *18* **B** 137 — *20* **P** I 132 — *22* **P** III 230 — *23* **T** II 188 — *27* **B** 26.

3 *1* **P** II 400 — *3* **P** I 455 — *5* **P** I 201 III 269 338.

4 *3* **P** III 563 — *12* **T** I 190 — *13* **P** III 689 — *15* **P** I 145 — *16* **T** I 302.

Amos עמוס

1 *11* **T** II 271.

2 *1* **B** 105 — *6* **T** II 418 **B** 45 — *9* **P** I 397 II 89.

3 *2* **P** II 116 — *7* **P** I 551 II 466 **B** 113 — *8* **T** I 181 II 296 **P** I 54 182 — *12* **T** I 192 — *15* **P** I 106 III 192.

4 *1* **B** 117 — *4 f* **P** III 525 — *7* **P** II 449 — *9* **T** I 443 — *12* **P** I 267 II 443 III 119 — *13* **T** I 86 II 186 467 **P** III 218 569 700.

5 *1* **P** I 409 — *4* **P** I 559 — *8* **T** II 165 **P** I 23 II 51 139 III 141 183 — *15* **T** II 116 467 — *18* **P** I 563 — *19* **P** I 414 454 III 204 — *25* **T** I 315 II 120.

6 *4* **P** I 438 — *4-7* **P** II 215 — *6* **P** I 276 II 167 III

46 **B** 51 — *7* **P** III 71 **B** 147 — *10* **P** III 80.

7 *2* **P** I 428 — *7* **P** II 19 106 **B** 68 — *8* **P** III 104 192 — *10* **T** II 55 **P** III 44 — *14* **T** I 106 — *15* **P** II 285.

8 *10* **P** I 382 — *11f* **T** II 91.

9 *1* **T** II 517 **P** I 227 — *6* **T** II 140 **P** I 23 II 51 — *11* **B** 80 — *15* **P** III 411.

Obadja עבדיה

1 **T** II 53 543 **P** I 96 534 II 249 — *2* **T** II 404 **P** II 230 III 472 — *3* **P** II 231 — *4* **P** I 498 II 404 III 123 361 — *5* **P** III 643 — *7* **P** II 23 — *8* **P** II 82 — *18* **P** I 185 525 II 323 418 III 286 — *21* **P** II 141 III 78 246.

Jona יונה

1 *3* **P** I 276 II 305 — *4* **P** III 296 — *12* **T** II 363.

2 *1* **T** I 358 — *3* **P** I 186 III 586 — *11* **P** II 288 III 585.

3 *1* **T** I 315 — *2* **T** II 299 — *5* **P** I 389 — *7* **T** II 535 — *8* **T** II 535 **P** I 253 — *10* **P** II 214 III 301.

4 *8* **B** 48 99 — *11* **P** III 421.

Micha מיכה

1 *6* **P** III 586 — *7* **T** I 113 — *14* **P** II 523.

2 *1* **P** II 61 — *2* **P** III 280 **B** 15 — *6* **P** III 638 — *8* **T** II 215 — *11* **P** III 638.

3 *9f* **T** II 559.

4 *2* **P** II 73 — *5* **T** I 202 — *6* **T** II 498 **P** I 454 III 49 — *10* **P** II 433 459 III 643 698 — *12* **P** III 76 **B** 85 — *14* **P** III 178.

5 *4* **T** II 144 — *6* **P** I 413 III 318.

6 *2* **P** I 497 — *3* **P** II 288 III 141 — *3f* **P** III 392 — *4* **P** II 413 III 304 — *5* **P**

II 73 — *7* **P** II 378 — *8* **P** I 558 II 73 — *11* **P** II 503.

7 *3* **P** III 347 — *4* **T** I 176 — *5* **T** I 447 II 130 **P** III 578 755 — *6* **P** I 232 — *8* **T** II 524 — *9* **P** I 65 — *15* **P** III 412 — *18* **P** I 438 II 113 III 379 545 — *20* **T** II 34.

Nachum נחום

1 *2* **T** II 440 480 **P** II 528 III 430 — *3* **P** I 145 III 418 — *4* **P** I 106 411 — *6* **B** 143 — *10* **P** III 685 — *12* **P** I 415 II 166 **B** 147 — *14* **P** II 442.

2 *5* **T** II 146 — *6* **P** I 99.

3 *8* **P** II 114.

Habakkuk חבקוק

1 *12* **T** II 205 — *14* **B** 45 — *16* **T** I 293.

2 *1* **P** I 86 — *4* **P** I 559 III 590 **B** 135 — *5* **P** III 561 — *11* **P** III 578 — *13* **P** III 77 — *15* **P** III 44 **B** 7 — *16* **P** III 684 712 **B** 30 — *17* **P** II 497 — *19* **P** III 577 709.

3 *2* **P** III 214 764 — *6* **T** II 99 **P** I 367 II 123 III 122 568 630 **B** 54 85 105 — *8* **P** III 649 — *9* **P** II 17 256 — *11* **P** I 184 II 262 325 **B** 118 123 130 — *14* **T** I 444 — *19* **P** III 326.

Zephanja צפניה

1 *2* **T** I 83 — *3* **P** III 214 — *5* **P** II 395 — *9* **P** II 197 III 44 — *12* **P** III 54 141 495 — *17* **P** II 278 304.

2 *1* **P** I 357 III 599 — *3* **T** II 467 **P** I 397 — *5* **P** II 378 III 90 — *9* **P** II 251 — *14* **P** II 237 **B** 145.

3 *1* **P** III 80 — *5* **P** III 733 — *7* **P** II 197 — *9* **T** I 147 **P** I 108 242 III 467 — *11* **P** I 32 — *12* **P** III 496 — *13* **P** I 310 — *18* **P** I 154 II 73 **B** 137.

Chaggai חגי

1 *1* **P** I 22 — *8* **P** III 112 — *9* **P** III 426 — *10* **P** I 146 — *13* **P** I 276.

2 *6* **P** III 461 — *8* **P** I 565 II 81 — *9* **P** I 276 **B** 39 — *12* **P** II 484 — *14* **B** 147 — *15* **P** III 229 — *16* **P** III 736.

Zacharia זכריה

1 *3* **B** 31 — *5* **P** III 157 — *8* **T** II 39 **P** I 307 III 361 **B** 143 — *16* **P** I 432.

2 *3* **B** 78 — *8* **P** II 521 — *9* **P** I 143 II 431 III 567 — *12* **T** II 205 430 559 — *14* **B** 52 — *14 f* **P** II 521 — *17* **P** III 623.

3 *3* **B** 143 — *8* **P** I 169 184 463 III 443.

4 *3* **T** II 146 — *10* **P** II 74 III 423 — *11* **P** II 223 — *14* **T** II 264 **P** I 359 II 223 370.

5 *2 f* **P** II 120 — *4* **P** I 546 II 479 — *9* **T** II 114 **P** II 85.

6 *1* **P** II 77.

7 *13* **T** II 187 **P** I 15 II 461.

8 *4* **P** I 87 — *6* **T** II 223 — *10* **P** I 241 II 86 **B** 40 — *16* **T** II 311 **P** II 123 III 457 — *19* **T** I 314 II 114 **P** 78 143 — *23* **T** I 379 **P** I 368.

9 **T** I 394 II 261 **P** I 334 — *7* **P** I 431 — *9* **P** I 152 II 112 293 III 363 — *11* **P** III 326 — *12* **T** II 474 — *13* **P** II 287 — *15* **P** III 608 **B** 146 — *17* **B** 142.

10 *1* **P** I 398 439 II 74 **B** 48 — *2* **B** 124 — *4* **T** II 26 **P** II 228 — *9* **P** I 307 II 74 — *11* **T** I 121 II 214 **P** I 307 — *12* **P** III 282.

11 *1* **T** I 26 — *7* **P** I 97 — *8* **T** II 130 420 — *10* **T** II 188 — *10 f* **P** I 551 III 123 — *12* **P** I 307 III 91 **B** 30 — *13* **B** 52 96 — *17* **T** I 194.

12 *1* **P** III 555 — *2-6* **P** III 282 — *3* **P** III 268 — *7* **P** III 756 — *9* **P** I 202 II 459 — *10* **T** II 390 — *11* **T** I 331 **P** II 433 **B** 103.

13 *1* **P** I 78 III 569 —

2 **T** I 41 — *6* **T** II 437 — *8* **P** I 328 III 171 362.

14 *1* **P** III 142 **B** 106 — *2* **T** I 201 **P** I 551 III 246 — *3* **T** I 147 II 484 **P** I 14 II 432 433 — *5* **T** II 484 **P** I 259 II 433 — *6* **P** I 187 241 II 87 III 289 — *7* **P** III 123 179 — *9* **P** I 337 — *10* **P** I 334 III 378 643 — *12* **P** I 455 — *13* **P** II 474 III 523 — *18* **P** I 566 — *20* **P** I 150 276 II 44 — *21* **P** III 104.

Maleachi מלאכי

1 *1* **T** II 313 **P** II 232 — *2* **P** III 649 — *3* **T** I 294 **P** III 762 — *10* **T** II 114 — *11* **P** I 28 63 480 492 II 316 **B** 54 — *13* **T** 94 114 205.

2 *3* **P** II 311 — *5* **P** II 162 183 III 552 — *6* **T** II 51 305 328 480 541 — *7* **T** I 144 **B** I 235 III 389 — *12-16* **T** II 481 — *13* **T** II 478 **P** II 22 III 94 — *16* **T** II 210 296 **P** I 276 II 524 III 326.

3 *1* **P** III 29 — *3* **P** I 135 454 III 679 — *4* **T** II 481 — *5* **T** II 301 **P** I 230 374 II 518 — *6* **P** II 520 **B** 146 — *8* **T** II 538 **P** I 276 II 303 III 49 — *9* **T** I 164 — *10* **P** I 100 155 276 II 284 480 — *12* **P** I 369 II 226 III 617 — *16* **T** I 397 **P** I 365 404 II 109 168 221 430 III 623 — *18* **T** I 11 **P** III 654 — *19* **T** I 97 140 II 30 453 **P** I 44 III 412 — *19 f* **P** III 122 — *20* **T** II 115 210 **P** II 220 — *22* **P** I 161 — *23* **P** III 473.

Psalmen תהלים

T I 155 II 44 318 481 **P** I 151 260 III 117 179 **B** 10

1-2 **P** I 72 139 II 103 —

1 *1* **T** I 397 II 30 507 **P** I 72 II 459 III 270 336 726 **B** 31 — *2* **P** III 355 522 **B** 109 118 — *3* **T** II 221 **P** I 46 137 III 38 — *3 f* **B** 118 — *5* **T** I 141 **P** I 551 II 511 III 259 — *6* **P** III 357 709.

2 P I 116 — *1* P II 226 III 77 — *1 f* P II 187 — *2* T II 302 P II 432 433 — *3 f* P I 566 — *7* P III 247 — *8* P I 83 — *9* P II 266 — *11* T I 388 P I 426 III 65 142 B 137 — *12* P III 411.

3 P II 116 III 775 — *1* P II 508 III 142 — *2* T I 192 II 130 — *3 f* P III 746 — *5* P II 36 III 378 — *8* I 398 II 335 III 657.

4 *2* P I 141 289 III 142 — *5* P I 354 II 503 III 142 259 — *6* P III 142 — *7* P I 248 III 143 — *8* P I 146 III 184.

5 P I 510 — *1* P I 181 545 — *3 f* P III 172 — *4* B 136 — *5* P I 322 II 156 III 320 326 583 — *6* P II 378 393 — *7* P III 327 — *11* P I 198 337 — *12* P III 598.

6 *1* T II 23 P III 78 — *2* P I 322 II 158 — *4* P III 608 — *11* P I 135 551 III 193.

7 *1* T I 358 P II 524 III 128 193 684 — *7* P I 163 — *10* P III 328 — *12* T II 30 P III 30 B 143 — *14* P III 72 571 — *18* P I 181 II 378.

8 T II 493 — *2* P I 160 II 379 — *3* T I 364 II 58 482 — *4* P I 182 III 65 — *5-10* P III 72 — *5* P I 160 — *8* P II 460.

9 *1* P III 523 — *2* P I 181 — *4* P III 259 290 327 — *5* P III 705 — *6* P II 394 — *7* P III 260 — *7 f* P I 456 — *9* P I 199 II 324 — *10* P I 263 — *12* P I 32 310 334 — *15* P II 112 — *18* T I 140 P III 534 — *19* P III 259 361 395 — *21* P III 764.

10 *3* T I 70 II 55 289 305 P I 101 III 632 — *4* B 64 — *10* P II 266 460 520 — *12* P III 172 498 — *13* T I 344 — *15* P I 198 — *16* P II 357 — *16 f* P I 79 — *17* T II 368 P I 491 III 184.

11 *1* P III 143 B 117 129 — *2* P II 488 — *3* P III 33 B 52 — *4* P I 43 494 — *5* P I 73 439 II 74 285 — *6* P I 185 III 247 417 — *7* T II 414 P III 193.

12 *1* T II 223 — *2* P II 215 III 327 340 — *4* T II 336 P III 542 — *5* P I 110 II 360 — *6* P I 63 100 II 430 III 243 623 — *7* P II

124 III 556 634 — *7f* **P** II 379 — *9* **T** II 242 **P** I 308 **B** 58.

13 *1* **T** II 411 — *2* **P** III 361 395 — *2f* **P** II 284 — *6* **P** II 112.

14 *1* **P** I 499 III 281 525 766 — *4* **P** I 250 **B** 40 120 — *7* **P** I 176 198 370 II 400 430 III 295 **B** 31.

15 **T** I 93 **P** I 558 — *1* **P** I 176 535 — *4* **P** III 417 — *5* **T** II 428 **P** III 746.

16 *2* **P** I 407 III 143 — *3* **P** III 327 — *5* **T** II 318 **P** I 186 — *5f* **P** I 398 — *6* **P** I 308 III 318 — *7* **T** II 115 **P** I 535 — *8* **P** III 615 **B** 77 — *9* **P** II 107 248 — *10* **P** I 186 199 — *11* **P** III 243 410 460 523.

17 *1f* **P** I 154 — *2* **P** I 308 II 428 III 193 — *4* **B** 136 — *8* **T** II 534 — *13* **P** II 432 III 84 — *14* **P** II 217 524 III 214 680 — *15* **T** II 387 **P** II 17 **B** 136.

18 *2* **P** I 379 — *2f* **P** I 550 III 262 — *4* **P** III 143 259 — *5* **P** III 143 — *5f* **P** II 481 — *7* **P** I 455 — *11* **P** I 535 III 155 158 — *12* **P** I 267 II 183 — *13* **P** III 523 — *15* **T** II 482 **P** II 380 III 523 — *16* **P** I 21 — *18f* **P** II 465 — *20* **P** I 308 — *21* **P** III 620 — *24* **P** III 661 — *26f* **P** II 261 — *29* **P** I 149 — *30* **P** II 353 — *31* **P** I 76 III 409 **B** 25 — *36* **T** II 422 **P** II 257 446 III 307 438 528 — *38* **P** III 641 — *40* **P** II 133 — *46* **P** III 766 — *51* **P** III 53 246 481.

19 **T** I 510 — *2* **P** I 413 III 327 714 — *3* **P** III 30 657 — *3-5* **P** I 308 — *5* **T** II 453 — *6* **P** III 722 — *8-10* **P** III 471 — *8* **P** II 181 III 104 208 — *9* **T** I 56 **P** I 53 76 III 550 — *10* **P** I 12 384 II 332 — *11* **P** I 151 III 409 550 — *12* **P** I 21 — *13f* **P** III 695 — *15* **T** II 482 **P** I 243.

20 **P** II 203 III 305 — *2* **P** I 406 III 417 451 454 — *3* **P** II 431 — *4* **P** III 474 — *5* **T** I 98 — *6* **T** I 98 — *7* **P** I 168 — *10* **P** I 168.

21 *3* **B** 129 — *5* **P** III 379 — *9* **P** II 380.

22 *1* **P** II 14 171 III 30 726 — *2* **P** II 380 — *3* **P** I 153 — *4* **P** I 14 129 494

511 II 497 — *7* **P** I 177 535 — *9* **P** I 322 — *12* **P** I 464 — *13* **P** III 143 — *19* **P** III 290 — *20* **P** I 309 — *22* **P** III 706 — *24* **P** I 151 500 III 664 — *25* **P** III 671 — — *27* **P** III 247 — *29* **P** III 78 — *30* **T** II 390 — *31* **T** II 528 **P** II 239 **B** 145 — *32* **T** II 433 528 **P** III 259.

23 *1* **P** I 439 — *2* **P** I 507 — *4* **P** I 33 — *5* **T** II 373 **P** I 186 III 496 **B** 109 113.

24 **P** I 510 — *1* **P** III 320 394 **B** 43 — *2* **T** II 28 — *4* **P** I 452 — *5* **P** III 474 — *6* **P** III 581 771 — *7* **P** II 433 — *8* **P** II 460 III 418 -- *9* **P** III 301.

25 *2* **P** II 224 — *3* **P** III 327 — *6* **P** III 306 **B** 17 — *7* **P** II 74 III 259 — *8* **P** I 464 III 407 — *9* **P** III 328 — *11* **P** II 380 — *14* **P** II 473 III 437 — *15* **P** III 496.

26 *5* **T** II 30 — *6* **P** I 242 **B** 131 — *7* **P** III 419 — *9* **P** I 326 — *10* **P** III 328 — *12* **P** III 496.

27 *1* **P** I 105 177 II 74 — *2f* **P** I 535 — *3* **P** II 380 — *4* **P** II 497 — *10* **P** III 144 — *11* **P** I 177 — *13* **T** II 183 **P** I 263 II 332 — *14* **P** I 453 III 329.

28 *5* **P** I 56 128 — *7* **P** I 309.

29 **P** II 218 318 — *2* **P** I 140 — *3* **T** I 428 — *4* **P** I 80 284 444 464 — *7* **P** III 57 — *9-11* **T** I 202 — *10* **P** III 243 471 — *11* **T** II 58 84 536 **P** II 265 470 III 216.

30 **P** II 337 359 III 196 — *1* **P** III 494 — *4* **P** III 61 — *13* **P** II 336 III 335.

31 *6* **P** III 328 — *7* **P** II 434 — *11* **P** III 752 — *19* **P** I 384 III 650 **B** 16.

32 *1* **T** I 407 **P** III 379 608 745 **B** 31 — *2* **T** II 418 **P** I 406 — *6* **T** I 420 **P** I 29 63 309 III 73 522 598 **B** 147 — *8* **P** III 388 — *9* **P** III 76 — *10* **P** III 104 523.

33 *1* **T** II 31 **P** II 531 III 584 — *2* **T** II 223 — *5* **P** II 16 — *6* **T** I 425 **P** I 85 328 410 III 158 218 — *7* **P** I 28 — *9* **P** III 608 **B** 146 — *15* **P** III 418 — *19* **P** II 74.

34 *8* **T** II 23 **P** III 33 — *10* **P** III 464 — *13f* **P** I 38

196 — *14* **T** II 303 — *15* **T** II 427 **P** I 53 II 136 — *18* **T** II 295 — *19* **P** I 199 — *22* **P** I 384 551.

35 *10* **P** III 102 143 456 496 — *15* **B** 117 129 — *16* **P** I 398 — *28* **P** III 496.

36 *2* **T** I 368 — *4* **B** 112 — *7* **T** I 254 343 II 56 130 358 **P** I 145 332 II 260 III 193 **B** 52 99 143 — *8* **P** III 408 — *9* **P** I 416 III 629 697 — *10* **P** I 248 — *11* **P** II 228 — *12* **P** II 338 III 379.

37 *1* **T** II 391 — *3* **P** II 289 — *4* **P** II 315 — *6* **P** II 33 — *7* **P** II 9 III 626 — *8* **P** III 581 — *13* **P** I 543 — *14* **T** I 125 **P** II 380 392 — *14 f* **P** III 487 — *15* **T** II 147 — *20* **P** III 143 328 — *21* **P** II 215 284 — *25* **T** I 221 II 22 548 **P** I 85 — *29* **P** II 266 — *32 f* **P** I 354 — *34* **P** I 256.

38 *2* **T** II 295 — *5* **P** II 289 — *11* **P** III 752 — *14* **P** III 689 — *18* **B** 117 129 — *20* **P** I 444.

39 *3* **P** I 235 — *5* **B** 31 — *6 f* **P** III 564 — *9* **P** I 456 497 — *12* **P** III 137 — *13* **P** II 17.

40 *2* **P** II 220 III 329 — *3* **P** I 186 — *5* **P** III 260 — *6* **P** II 444 528 **B** 117 — *8* **T** II 541 **P** II 282 **B** 117 129 — *9* **P** III 655 — *18* **P** III 587.

41 *2* **T** II 64 **P** I 309 464 II 75 111 III 226 523 **B** 54 — *4* **B** 105 — *10* **P** I 290 **B** 45 — *11* **P** III 45 — *14* **P** III 575.

42 *3* **P** III 219 320 — *3* **P** III 494 — *4* **P** III 144 — *5* **P** II 381 III 360 — *8* **T** II 433 **P** II 361 427 — *9* **P** I 363.

43 *3* **P** I 398.

44 *2* **P** II 33 III 94 475 — *10* **P** I 14 — *23* **T** II 492 **P** I 177 398 **B** 52 136 — *26* **P** II 267.

45 *1* **T** II 146 — *3* **P** III 178 — *4* **B** 136 — *5* **P** I 210 II 28 181 III 99 — *8* **P** II 502 III 156 499 — *9* **P** II 126 — *11* **T** II 3 174 **P** II 276 — *14* **P** III 237 — *15* **P** III 491 — *17* **T** II 302 **B** 145.

46 *1* **P** III 537 699 — *8* **P** I 243 — *9* **P** II 75 — *11* **P** I 356.

47 *2* **T** II 233 — *6* **P** I 398 — *9* **P** III 158 — *10* **P** II 386.

48 *3* **T** II 101 **P** I 282 381 II 231 327 525 III 379 407 499 594 750 — *3 f* **P** III 669 — *8* **P** III 608 — *14 f* **P** I 33 — *15* **B** 75.

49 *2* **P** II 121 — *6* **P** I 354 — *8* **T** I 263 — *10* **T** II 555 — *11* **P** I 342 — *12* **P** III 260 329 — *13* **P** I 391 II 162 III 543 — *14* **B** 99 118 — *21* **P** III 167.

50 *1* **P** I 556 — *3* **P** III 113 — *4* **T** II 544 — *5* **T** I 142 II 318 — *6* **P** III 731 — *7* **T** II 98 **P** I 142 248 276 404 III 260 329 442 649 — *8* **P** III 353 — *10* **P** I 338 — *11* **P** III 219 — *12* **T** I 422 **P** I 309 III 168 — *16* **P** II 162 247 398 — *20* **P** I 177 — *21* **P** I 535 — *22* **P** I 133 II 267 — *23* **T** II 416 **P** I 38 132 II 112 497 III 144 **B** 147.

51 *5* **T** II 285 — *6* **B** 117 129 — *7* **P** II 162 193 III 144 — *12* **P** I 132 — *16* **P** II 381 — *17* **P** I 243 — *19* **P** I 133 199 III 598 640 649 — *20 f* **P** III 209.

52 *2* **P** I 26 III 300 — *3* **P** II 246 — *7* **P** II 247 — *8* **P** II 247.

53 *5* **P** III 382 — *7* **P** II 400 III 295.

54 *2* **P** I 266 II 44 III 300 — *3* **P** III 549 — *6* **P** II 447.

55 *2* **P** III 741 — *14* **P** I 290 — *15* **P** I 267 290 — *16* **P** II 59 — *18* **P** III 304 — *19* **T** II 97 **P** III 572 — *23* **P** III 32 **B** 89 — *24* **P** I 24.

56 *1* **P** I 265 309 III 329 — *2* **P** III 753 — *7* **P** III 69 — *9* **T** II 509 — *13* **T** II 560.

57 **P** II 116 — *3* **P** III 418 — *5 f* **P** II 507 — *9* **P** II 353 III 767 **B** 65 — *11* **B** 118 124.

58 *2* **P** II 267 — *4* **P** II 345 — *6* **P** III 290 — *12* **T** II 12.

59 *9* **P** I 543 — *12 f* **P** I 117.

60 *2* **P** I 276 — *7* **P** I 408 II 112 — *8* **P** III 158 481 — *9* **P** I 372 — *9 f* **T** I 35 — *10* **T** II 535 — *11* **P** I 253 — *14* **P** III 610.

61 *3* **P** III 496 — *5* **P** I 219 III 494 **B** 31 — *8* **B** 126.

62 *4* **B** 117 — *10* **P** II 397 III 741 — *12* **B** 112 — *13* **P** II 82.

63 *2f* **P** I 117 499 — *4* **P** II 345 — *5f* **P** II 15 — *11* **T** II 406 — *12* **P** III 54.

65 *2* **P** I 134 III 584 710 — *3* **P** II 182 349 — *5* **P** III 61 — *6* **P** I 480 491 II 267 — *7* **B** 17 — *10* **T** II 33 482 **P** I 56 331 III 144 — *11* **P** I 310 — *14* **T** I 158 II 321 **P** I 151 III 697.

66 *1* **P** III 638 — *3* **P** II 300 305 **P** III 379 498 — *5* **T** I 237 II 318 — *12* **P** I 454 II 165 529 — *13* **P** II 383 — *14* **P** III 768 — *15* **P** III 425 706 — *18* **P** III 290 — *20* **P** III 542.

67 *3* **P** III 358 — *4* **P** II 33.

68 *5* **T** II 66 262 **P** I 478 544 II 139 III 193 321 — *5f* **P** I 325 II 79 — *7* **T** II 362 448 482 **P** I 232 III 167 201 641 — *10* **T** II 66 201 **P** I 162 III 379 — *11* **P** III 762 **B** 56 — *12* **P** I 251 — *13* **T** I 321 **P** I 162 III 72 260 — *15* **P** I 57 433 — *17* **T** I 313 363 II 515 — *18* **T** II 138 164 484 **P** I 412 II 86 428 III 380 460 537 632 — *19* **P** I 129 161 III 33 144 — *20* **T** I 9 **P** II 525 III 692 — *21* **P** I 535 II 283 — *25* **P** III 158 — *26* **P** II 198 225 — *27* **T** I 99 **P** II 123 — *28* **T** I 346 II 38 50 **P** II 382 — *30* **P** II 179 — *31* **T** II 187 **P** I 253 II 82 III 172 319 — *32* **T** II 187 — *35* **P** III 483 — *36* **P** I 310.

69 *2f* **T** I 354 II 214 — *4* **P** III 496 — *13* **P** II 114 — *14* **T** II 97 **P** I 480 491 — *24* **P** III 77 — *27* **P** III 321 — *29* **T** II 515 **P** I 331 II 110 — *32* **T** I 69 **P** II 239 III 374 **B** 85 135 — *34* **P** I 263 III 664.

71 *6* **P** I 25 — *7* **P** III 246 — *8* **P** I 267 — *14* **P** III 260 262 290 — *16* **P** III 203 — *18* **P** II 276 — *19* **P** I 480 546 III 353 — *23* **P** III 496.

72 **P** I III 83 — *3* **P** III 144 — *5* **T** I 146 II 472 **P** III 33 — *10* **P** I 94 108 — *16* **T** I 94 II 68 **P** I 106 II 293 — *17* **P** I 45 II 284 510 — *19* **P** II 179 — *20* **T** II 38 49.

73 *3* **P** II 393 — *4* **T** II 43 **B** 140 — *5* **P** II 404 **B**

74 — *9* **P** I 10 355 450 — *16* **P** III 456 — *20* **P** I 337 III 740 — *24* **T** I 384 **P** III 752 — *26* **P** II 185.

74 *2* **P** II 510 — *5* **T** II 135 **P** II 198 — *12* **P** I 502 — *16* **P** III 179 193.

75 *4* **P** III 156 — *5* **P** II 392 — *7f* **P** III 757 — *8* **P** II 325 392 478 III 723 — *9* **T** II 301 **P** I 185 III 144 665 717.

76 *2* **P** III 358 — *3* **P** III 60 — *9* **P** I 56 249 310 — *11* **P** II 298 — *12* **P** III 40.

77 *7* **P** III 78 194 496 — *9* **P** II 460 III 80 — *11* **T** II 545 **P** I 199 398 535 II 460 525 — *14* **P** III 158 — *15f* **P** III 358 — *16* **P** II 75 III 380 — *16f* **P** III 607 — *17* **P** III 261 — *19* **B** 41 — *20* **P** III 203 — *21* **T** I 200.

78 *5* **P** III 681 — *7* **T** II 262 — *9* **T** I 129 **P** III 281 — *12* **P** III 144 — *18* **P** II 413 III 380 — *20* **P** I 440 — *23* **P** III 442 — *25* **T** I 254 324 **P** III 73 — *27* **T** II 482 — *32* **T** II 29 — *33* **T** II 448 — *36* **P** II 404 — *36f* **T** II 44 414 **B** 40 — *41* **P** I 21 — *45* **T** II 448 **P** III 602 — *47* **P** I 380 — *49* **T** I 114 — *50* **T** I 159 — *52* **T** II 301 **P** I 177 III 358 596 — *60* **P** I 288 III 30 **B** 111 — *65* **P** II 86 — *66* **T** II 163 — *67* **B** 111 — *70* **P** III 597 685 — *71* **P** II 285 — *72* **P** I 310 III 328.

79 **P** II 102 — *2* **P** III 282 **B** 118 — *3* **P** III 216 360 — *12* **P** I 177 III 291 497 574.

80 *1* **P** III 144 — *2* **P** III 211 344 418 — *3* **P** II 112 — *6* **P** I 564 II 52 III 380 — *9* **P** III 490 — *14* **P** I 252 II 445 — *15* **P** III 765 — *20* **P** I 248.

81 *2* **P** III 499 — *3* **P** II 198 238 — *4* **T** I 145 **P** III 390 523 — *6* **P** I 283 III 580 597 **B** 77 — *8* **T** II 306 367 — *10* **P** I 38 III 408 — *11* **P** II 246 — *15* **T** II 163.

82 *1* **T** I 444 **P** I 63 II 221 267 III 65 719 — *6* **T** II 301 **P** II 391 III 442 649 — *6f* **P** I 355 — *7* **T** II 509 544 **P** I 495 III 329.

83 *7f* **T** II 189.

84 *3* **P** III 496 — *5* **P** I

187 — *7* **P** I 186 337 338 — *11* **P** I 166 III 633 — *12* **P** I 54 277 287.

85 *2* **P** II 216 461 — *3* **P** II 113 III 379 629 — *4* **P** III 722 — *7* **P** III 145 — *9* **P** I 302 III 194 237 — *11* **P** I 543 II 441 III 194 460 — *12* **P** I 229 II 156 441.

86 *1* **P** I 263 II 247 353 — *2* **P** I 199 — *4* **T** II 515 — *8* **P** I 467 — *10* **P** III 486 638 — *11* **P** II 190 — *13* **P** II 267.

87 *3* **P** III 706 — *5* **P** III 615 — *7* **P** III 740.

88 *1* **P** III 380 **B** 14 — *6* **P** I 229 312 385 III 60 — *12* **P** I 186.

89 *1* **P** II 279 III 116 **B** 14 — *7* **T** II 405 **P** II 415 III 418 — *8* **P** I 9 II 284 III 726 — *9* **P** III 731 — *15* **B** 17 — *16* **T** II 102 **P** II 109 III 602 — *20* **T** II 497 **P** II 488 III 389 — *21* **P** II 267 447 465 470 — *28* **P** I 550 — *33* **T** I 258 **P** II 156 — *35* **P** III 126 — *49* **P** III 475 — *52* **P** I 44 III 246.

90-100 **P** I 164 458 II 337.

90 *1* **P** II 292 III 73 **B** 117 — *3* **T** II 64 **P** II 510 — *5* **P** I 266 — *6* **P** II 497 — *9* **P** III 194 — *10* **P** II 254 III 684 — *11* **P** II 497 III 684 **B** 57 — *12* **B** 146 — *16* **P** III 488 — *17* **T** II 52.

91 *1* **P** III 194 — *4* **P** I 394 — *5* **P** I 267 III 381 — *6* **P** I 331 II 429 III 302 343 — *7* **P** II 136 219 III 677 — *9* **P** I 14 — *10* **P** I 302 III 582 — *11* **P** II 219 — *12* **P** I 281 **B** 36 — *13* **P** II 341 — *15* **T** II 498 **P** II 321 322 III 145 269 377 — *16* **P** II 112.

92 **P** I 510 II 337 III 732 — *1* **T** I 336 **P** II 220 — *6* **P** I 283 — *9* **P** II 382 — *13* **T** II 297 **P** III 487 687 767 — *14* **P** III 556 — *15* **T** II 310 — *16* **P** I 310.

93 **P** I 399 531 — *1* **P** I 543 — *2* **P** II 136 510 — *3* **T** I 137 **P** I 399 II 426 497 III 291 — *4* **T** I 179 II 406 **P** II 409 III 76 — *5 f* **P** III 631 672.

94 *1* **B** 96 — *7* **T** I 32 — *9* **T** I 86 — *10* **P** I 100 199 — *12* **P** II 382 III 572 676 **B** 56 — *15* **T** I 378 —

105 **P** I 399 — *5 f* **P** III 442 — *7* **P** III 95 — *8* **T** II 306 **P** I 100 536 II 198 III 661 678 — *15* **P** I 167 II 234 III 381 — *17* **P** III 89 — *18* **P** III 145 — *19* **P** II 198 III 184 — *22* **P** III 706 — *24* **P** I 399 — *25* **P** I 122 — *27* **P** III 195 — *28* **P** III 146 — *37* **P** II 195 — *38* **P** III 394 — *44* **P** III 484 — *44 f* **P** II 198 **B** 74.

106 *2* **T** I 128 **P** I 480 **P** II 75 — *3* **T** I 196 355 — *7* **P** II 498 **B** 126 — *8* **T** II 379 **P** III 358 — *9* **T** II 379 — *12* **P** II 136 — *16* **P** I 80 III 49 — *16 f* **P** III 623 — *20* **T** I 326 II 205 **P** II 291 III 146 — *23* **P** I 117 163 468 536 II 252 423 III 82 490 597 — *26* **P** I 496 — *28* **P** I 267 — *30* **P** II 75.

107 *2* **P** I 548 II 498 III 416 — *10* **P** I 186 — *28* **P** II 214 — *42* **P** III 77.

109 **P** I 150 181 — *4* **P** III 318 — *7* **P** III 660 — *14* **T** II 271 **P** III 497 — *18* **T** I 316 — *22* **T** I 368 II 122 — *24* **P** III 751 — *31* **T** I 368 **P** III 408.

110 *1* **P** I 457 III 760 — *2* **P** II 431 III 287 — *4* **T** II 313 **P** I 400 III 174 195 — *6* **P** II 35.

111 *5* **P** I 170 — *6* **P** II 233 328 III 356 — *8* **T** II 481 **P** II 38 III 465 — *10* **P** III 718 **B** 84 127.

112 *1* **P** I 132 II 75 **B** 96 — *3* **B** 64 — *5 f* **T** I 8 — *5* **P** II 166 — *7* **T** I 10 **B** 118 132 — *9* **T** I 307 352 **P** II 104 — *10* **T** II 291 **P** III 213.

113-118 **T** I 155 201 240 II 415 **P** III 419.

113 *3* **P** III 280.

114 *1* **P** I 104 — *2* **T** II 214 — *3* **T** II 273 **P** I 413 — *7* **P** I 325.

115 **P** I 56 — *1 f* **P** III 443 — *8* **P** III 30 451 — *12* **P** III 493 — *16* **T** II 185 **P** II 337 — *17* **P** III 508.

116 **T** I 19 — *1* **B** 117 130 — *6* **T** I 125 141 317 — *8 f* **P** II 245 — *9* **B** 49 — *13* **P** I 185 II 167 — *15* **T** I 411 — *16* **P** II 21 **B** 117.

117 *1* **T** II 183 482 — *2* **T** II 449.

118 *7* **P** I 536 — *10* **P**

68 — *4* **P** II 85 III 699 — *6* **T** I 151 II 186 **P** III 218 — *13* **T** I 445 **P** II 383 — *25* **P** I 178 II 21 85.

137 **B** 10 — *1* **P** I 168 294 523 II 268 III 432 — *4* **P** III 721 — *5* **T** II 510 **P** III 694 — *7* **T** I 111 **P** II 264 335 483 — *8* **B** 146.

138 *4* **T** II 447 **P** III 319 — *6* **P** II 18 79 84.

139 *3* **T** II 342 **P** I 329 369 II 525 — *4* **P** III 262 — *5* **P** I 156 319 412 548 II 44 50 162 — *9* **P** III 408 — *14* **T** I 371 **P** III 759 — *15* **P** II 25 — *16* **T** I 151 155 II 65 313 **P** II 50 220 320 III 174 — *23 f* **P** I 325.

140 *6* **P** I 429 — *8* **P** III 333 726 — *9* **P** I 455 II 230 III 249 623 — *12* **P** II 327 — *14* **P** I 140.

141 *2* **P** I 492 III 237 — *4* **P** I 369 II 82.

142 *3* **T** I 110 — *6* **T** II 510.

144 *1* **P** III 496 — *4* **P** III 158 — *8* **P** I 253 **B** 146 — *10* **P** II 58 246 — *14* **P** I 230 357.

145 **P** I 311 III 696 — *9* **T** II 465 **P** I 33 148 545 II 76 383 III 146 — *14* **P** II 199 **B** 136 — *16* **P** I 324 479 II 183 — *17* **B** 56 — *18 f* **P** III 499 — *21* **P** III 496.

146 *5* **P** I 400 — *6* **P** II 76 — *6 f* **P** I 79 — *7* **P** III 333 — *8* **B** 45.

147 *2* **P** I 550 III 432 — *3* **P** I 199 — *4* **T** I 85 II 388 — *14* **P** II 431 **B** 48 142 — *16* **P** III 218 — *19* **P** I 18 — *19 f* **P** I 428 430 II 169 — *20* **T** II 301.

148 **T** I 135 — *4* **T** I 86 — *8* **P** I 488 III 218 556 — *11* **P** I 311 562 III 748 — *13* **P** III 320 — *14* **P** I 369 II 357 III 156.

149 *2* **P** II 393 — *4* **P** II 315 — *5* **P** III 494 619 **B** 144 147 — *6* **T** II 262 **P** II 218 III 297 680 — *6 f* **P** III 117 — *7* **P** II 357 — *8* **P** III 281 475 — *9* **P** III 262.

150 **P** II 318 461 III 262 — *1* **P** I 129 — *6* **P** I 12 329 II 75 III 584 **B** 33.

Proverbia משלי

T I 21 II 527 **P** I 81 501 III 103 179 244 336 493

1 *5* **P** III 73 — *6* **P** II 435 — *7* **P** III 33 — *8* **P** II 518 — *9* **P** I 53 137 II 28 III 316 — *12* **P** II 82 — *16* **P** II 305 — *17* **P** I 133 — *19* **P** I 227 — *20* **T** II 469 **B** 129 — *21* **P** III 147 — *22* **P** III 271 — *25* **P** II 392 — *26* **P** I 543.

2 *1* **P** III 116 436 — *4* **P** III 335 — *6* **P** II 286 — *7* **P** III 436 — *11* **B** 118 133 — *17* **P** III 419 — *20* **P** I 419.

3 *2* **P** II 45 — *4* **P** I 62 — *5* **T** II 378 — *6* **T** II 509 **B** 118 142 — *8* **P** I 53 III 550 — *9* **T** II 95 513 **P** II 484 III 498 — *11* **P** III 276 559 — *12* **T** II 285 **P** I 235 — *15* **P** III 116 419 545 **B** 79 118 — *16* **P** I 137 141 — *17* **P** I 153 — *18* **T** II 146 **P** II 182 III 244 280 435 491 663 717 **B** 139 — *19* **T** II 540 — *19 f* **B** 17 19 — *23 f* **P** II 529 — *24* **P** III 39 — *25* **P** II 358 — *26* **T** II 417 **P** II 121 429 III 694 — *29* **T** I 71 — *33* **P** I 293 — *34* **T** I 415 II 343 **P** I 359 II 81 **B** 57 — *35* **P** II 105 463 III 39 68.

4 *2* **P** I 366 II 520 — *4* **T** II 534 — *5* **P** I 490 — *10* **P** II 466 — *15* **P** I 101 — *19* **P** III 478 — *22* **P** I 50 II 218 III 550 **B** 41 44 118 — *27* **T** I 371.

5 *6* **P** II 479 — *8* **T** I 113 — *15* **T** I 304 II 4 491 **B** 96 — *15 f* **T** II 91 — *18* **P** III 524 — *19* **P** I 63 137 346 — *23* **P** II 162.

6 *3* **P** II 214 — *6* **T** II 57 — *16* **T** II 44 **P** I 61 — *16-19* **T** II 306 **P** II 467 — *20* **B** 54 — *22* **T** I 403 — *23* **T** II 102 416 510 **P** I 237 III 460 **B** 55 104 — *26* **P** I 226 II 76 166 **B** 118 — *29* **P** III 696 — *30* **T** II 143 — *32* **P** I 363 III 638.

7 *4* **P** I 267 II 28 **B** 128 — *7* **P** II 303 — *19 f* **B** 96 — *26* **P** III 297 **B** 31.

8 *4* **P** III 355 — *6* **P** II 518 — *10* **P** II 502 — *11* **P** III 116 — *12* **P** I 426 — *13*

B 136 — *14* **T** II 20 — *15* **P** I 387 II 408 III 671 — *20* **B** 54 — *21* **P** I 187 **B** 126 — *22* **P** II 510 — *22 f* **P** II 425 — *24* **T** I 86 — *26* **P** I 413 II 362 — *30* **T** II 222 306 **P** I 107 161 362 — *31* **T** II 100 — *32* **P** II 525 — *34* **T** II 4 **P** III 168 **B** 70 — *36* **P** I 238 240.

9 *1-3* **T** II 509 **P** II 502 III 529 — *1-4* **P** III 587 — *1* **P** I 74 — *2* **P** I 264 — *3* **B** 93 118 124 — *5* **T** I 191 **P** I 231 III 282 409 — *7* **P** II 223 530 — *8* **T** I 373 **P** I 423 — *9* **P** II 81 — *12* **T** I 129 **P** II 459 — *14* **B** 124 — *17* **P** II 231.

10 *2* **T** I 331 II 219 **P** I 311 **B** 40 — *6* **P** III 525 — *7* **P** II 24 45 276 — *12* **P** II 182 — *16* **P** III 475 — *20* **P** III 269 — *22* **P** I 474 III 147 — *25* **T** II 282 **P** I 228 III 600 **B** 20 — *27* **P** I 311 III 243.

11 *1* **P** III 297 — *1 f* **B** 53 — *2* **P** I 281 III 768 — *3* **P** III 283 **B** 118 — *4* **P** I 311 II 214 — *8* **P** III 419 — *10* **P** I 260 III 544 — *13* **T** II 234 — *15* **P** II 268 — *17* **T** I 10 **P** I 202 364 — *18* **P** I 29 — *20* **P** I 338 — *21* **P** I 338 II 442 461 III 330 **B** 35 — *22* **P** I 137 — *23* I 338 — *24* **T** I 9 — *25* **B** 79 — *26* **B** 78 110 — *30* **P** III 434 487 — *31* **T** I 250 II 302.

12 *4* **P** III 126 — *9* **P** III 761 — *10* **P** II 383 — *11* **P** I 380 — *13* **P** III 75 — *18* **P** I 267 II 219 — *25* **P** II 167 — *27* **T** I 234 **P** I 157.

13 *6* **P** III 39 — *7* **P** I 277 — *9* **P** II 87 — *11* **T** II 191 **B** 55 56 — *12* **P** I 242 II 199 III 461 — *14* **P** III 455 — *21* **P** III 39 — *23* **T** I 371 **P** I 74 **B** 105 110 — *24* **T** I 129 — *25* **T** II 33 **P** II 435.

14 *1* **B** 13 — *4* **B** 102 — *6* **P** II 348 — *9* **P** I 310 III 262 — *10* **P** I 41 III 716 — *12* **T** I 54 — *14* **P** II 498 — *23* **P** II 202 418 **B** 53 — *28* **P** I 267 — *30* **P** III 133 — *33* **B** 96 — *34* **T** I 37 74 95 112 **P** III 759.

15 *4* **P** I 450 — *7* **P** I

56 III 259 691 — *8* **P** I 28 — *15* **P** I 29 43 132 226 **B** 118 — *17* **P** II 354 435 — *19* **P** III 593 — *23* **T** I 194 II 131 **P** III 30 — *24* **P** III 105 — *27* **P** II 9 — *28* **P** II 241 — *29* **P** III 697 — *31* **P** III 49 105 307.

16 *4* **T** II 303 **P** I 268 — *5* **T** II 81 **P** I 464 **B** 136 — *7* **T** II 45 **P** I 132 232 III 381 — *11* **P** III 116 176 — *14* **P** III 262 316 — *15* **P** I 272 II 292 — *16* **P** I 241 III 742 — *18* **B** 99 — *23* **P** III 492 — *26* **P** II 24 **B** 65 — *31* **T** II 25 **P** II 142 — *32* **P** I 429.

17 *1* **P** II 435 — *2* **P** II 395 — *5* **P** III 529 — *10* **T** II 343 — *13* **P** II 203 — *14* **T** II 492 **B** 45 73 — *16* **P** I 63 — *17* **T** I 437 — *23* **P** II 106 — *26* **P** I 148 III 390 715.

18 *1* **P** II 268 III 147 564 566 **B** 117 123 — *5* **B** 118 — *7* **T** II 535 — *13* **P** III 387 — *16* **P** II 111 132 177 — *19* **P** III 147 — *21* **T** II 302 **P** I 41 450 II 199 — *22* **P** I 451 **B** 118 132 — *23* **P** II 355 — *24* **T** II 17.

19 *2* **P** I 268 III 527 — *3* **P** I 261 — *14* **P** II 106 — *17* **P** I 407 II 17 III 85 — *21* **T** I 371 **B** 99 — *23* **P** I 234 — *29* **P** III 381 428.

20 *2* **T** I 269 **P** II 435 — *3* **P** I 409 — *5* **B** 105 — *6* **P** III 23 — *7* **P** III 497 — *11* **P** III 387 — *12* **P** III 690 — *14* **T** II 102 — *15* **P** III 491 — *16* **P** II 239 — *20* **P** II 421 III 578 — *24* **P** I 9 — *25* **P** I 9 39 — *26* **P** III 147 — *27* **T** II 510 **P** III 120 496.

21 *3* **T** I 129 II 7 **P** I 520 II 16 — *8* **P** III 147 684 — *13* **B** 51 — *14* **T** II 295 **P** II 16 269 435 516 — *16* **P** I 236 — *18* **P** III 420 — *21* **P** I 128 136 II 269 III 53 **B** 136 — *22* **P** III 147 — *23* **P** I 38 — *24* **P** I 94 355 — *29* **P** III 484 **B** 63.

22 *1* **P** III 602 — *4* **P** I 338 III 95 718 **B** 84 — *6* **T** II 263 — *9* **P** I 133 445 — *14* **B** 68 136 — *17* **T** II 3 — *18* **P** II 157 **B** 129 — *20* **P** I 490 III 304 430 — *22* **T** II 297 **P** I 220 II 337 III 196 — *23* **P** I 63 — *27* **T** II 440

— *28* **P** I 338 III 105 — *29* **T** II 243 **P** III 495.

23 *5* **P** II 218 — *6* **P** I 133 **B** 135 — *15* **T** II 131 491 **P** II 314 **B** 44 — *21* **P** III 30 — *22* **P** III 726 — *23* **P** II 37 — *25* **P** III 434 726 — *26* **P** II 305 — *29* **P** III 692 **B** 55 — *31* **P** II 168 269 III 106 465 **B** 131 132 — *31 f* **T** II 295.

24 *4* **P** II 23 — *5* **P** I 29 III 292 — *6* **T** II 540 **P** I 240 245 II 467 III 271 499 — *7* **P** I 36 III 471 — *10* **P** II 435 III 602 — *11* **P** II 351 — *16* **P** I 551 **B** 45 — *17* **T** I 126 376 **P** II 395 III 128 — *21* **P** II 222 III 123 — *24* **P** II 18 — *25* **T** II 460 — *26* **T** II 153 **P** II 435 — *27* **T** II 299 — *28* **P** II 195 III 119 — *29* **P** III 119 — *30* **T** I 435 — *30 f* **P** III 297 582.

25 *1* **T** II 369 **P** II 435 — *2* **P** I 452 II 391 — *4* **T** II 289 **P** I 464 III 492 — *6* **P** III 270 — *7* **T** I 415 **P** II 392 III 490 — *8 f* **P** III 692 — *9* **B** 111 — *14* **P** I 311 II 435 III 489 — *16* **T** I 427 — *17* **P** II 383 — *18 f* **P** II 529 — *20* **P** II 461 529 III 381 693 **B** 112 — *21* **P** I 132 III 381 — *21 f* **T** II 436 — *23* **P** II 462 — *24* **P** II 518 — *25* **P** II 238 337 — *26* **P** III 201.

26 *8* **T** II 429 **P** I 449 **B** 24 — *11* **P** I 135 II 496 — *12* **P** II 156 — *17* **P** I 512 III 213 297 681 — *18* **P** II 344 — *22* **T** II 281 — *23* **P** I 543 — *25* **P** I 56 III 761.

27 *1* **P** III 182 366 — *2* **B** 124 — *6* **P** I 65 — *7* **T** II 491 — *8* **T** II 331 494 **P** I 181 III 143 — *14* **P** III 692 — *17* **P** I 452 — *18* **P** I 237 II 435 — *19* **P** III 714 — *22* **P** I 167 II 501 — *26* **P** I 491 II 139.

28 *4* **T** II 82 391 **P** II 266 — *8* **P** II 269 **B** 23 — *9* **P** III 14 — *11* **P** III 749 — *13* **T** II 534 **B** 31 75 — *14* **T** II 409 — *15* **P** I 400 — *19* **T** I 190 — *20* **P** III 490 — *22* **P** II 162 269 383 III 439 — *23* **P** I 62 464 III 209 — *27* **P** I 346.

29 *2* **P** II 282 **B** 119 — *4* **P** III 596 749 — *7* **P** III 229 — *9* **T** II 124 **P** II 462 530 **B** 142 — *12* **P** III 300

— *19* **P** III 323 — *21* **T** II 526 **P** I 61 III 408 **B** 38 — *23* **P** III 495.

30 *1* **P** I 521 — *4* **P** I 178 II 498 III 495 — *8* **B** 147 — *9* **P** III 272 — *10* **P** II 466 — *10f* **T** II 114 — *15* **P** II 434 **B** 37 — *16* **P** III 594 — *17* **T** II 96 — *19* **T** I 316 — *22* **T** I 346 — *24* **P** III 384 — *28* **P** I 455 — *31* **P** II 199 281 **B** 30 31 — *32* **T** I 305 416 **P** II 480 III 263 — *33* **P** I 46.

31 *1* **P** I 521 — *1f* **P** II 249 — *2* **T** II 123 — *4* **P** I 265 III 545 — *5* **P** II 526 — *6* **P** III 90 — *10* **P** II 498 — *10-31* **P** III 114 — *14* **T** II 232 — *15* **P** I 237 — *18* **P** III 176 — *26* **P** II 27 — *29* **P** I 290 III 391 — *29f* **P** III 202 — *30* **P** I 74 II 435.

Hiob איוב

T II 13 316 345 419 452 473 515 **P** I 25 295 374 501

1 *1* **T** I 66 II 53 **P** I 263 311 542 III 31 533 **B** 118 — *4* **T** II 45 — *4f* **P** III 638 — *5* **P** II 104 **P** III 769 — *7* **P** I 546 — *9* **P** II 400 — *10* **P** I 440 III 50 — *12* **P** I 25 354 — *14* **P** I 334 — *15* **P** III 653 — *15f* **P** III 263 — *19* **P** III 296 — *20* **P** I 268 **B** 146 — *21* **P** II 82 III 732 — *22* **B** 118.

2 *3* **P** I 230 312 II 171 — *6* **P** I 354 II 237 — *10* **P** II 487 — *11* **P** II 468 III 365 **B** 125 — *13* **P** I 268.

3 *1* **P** I 268 — *2* **P** I 330 — *3* **P** III 613 — *8* **P** III 457 — *13* **P** II 140 — *17* **P** I 229 II 132 — *19* **P** I 87 312 III 31 — *21* **B** 141 — *25* **B** 74 — *26* **P** III 114.

4 *1* **P** II 468 — *10* **P** I 283 — *11* **P** I 158 — *13* **P** I 431 III 362 — *17* **P** III 390 — *20* **T** II 61 **P** I 22 II 20.

5 *7* **P** I 235 362 II 23 218 — *9* **P** II 526 III 576 — *11* **P** I 487 — *12* **B** 96 — *21* **P** I 178 537 II 45 — *24* **P** I 136 155 — *26* **P** II 237 III 713 **B** 147.

6 *11* **P** II 199 — *14f* II

549 **P** I 240 381 **B** 136 — *17* **P** I 151 — *24* **B** 140 — *28* **P** II 335.

7 *1* **P** II 79 III 744 — *3* **T** I 337 — *9* **B** 118 — *18* **T** II 186 449 — *20* **T** II 205.

8 *6* **P** II 200 — *7* **T** I 53 — *11* **T** I 169.

9 *5* **P** III 586 — *6* **T** II 186 — *7* **P** III 742 — *10* **B** 140 — *17* **B** 118 — *22* **P** II 398 — *24* **T** I 156 **B** 113 118.

10 *3* **P** I 361 — *7* **B** 118 — *11* **B** 131 — *12* **P** II 511 III 627 — *22* **B** 118 121.

11 *9* **P** II 465 — *11* **P** II 455 532 III 766 — *12* **P** III 537 — *14* **P** I 153 III 608 **B** 4 — *20* **P** I 339 III 365 366.

12 *2* **T** II 438 — *5* **P** II 485 **B** 117 129 — *6* **T** II 498 — *7* **P** III 219 — *7f* **T** II 45 — *8* **T** II 57 — *10* **T** II 300 **P** I 548 III 629 — *12* **T** II 409 — *13* **P** II 465 — *15* **P** II 426 III 357 — *16* **P** I 277 — *18* **P** III 567 568 — *20* **T** II 409 — *23* **P** II 416.

13 *5* **T** I 66 — *12* **P** III 635 — *15* **P** I 228 — *16* **T** II 452 **P** III 583.

14 *8f* **P** III 356 — *10* **T** I 19 — *14* **P** II 79 — *18* **P** III 430 — *19* **T** II 337 **P** I 542 II 450 — *20* **P** II 465 — *22* **P** II 311.

15 *2* **P** I 202 — *4* **B** 118 — *5* **T** II 336 — *15* **P** I 230 — *18* **P** II 384 — *20* **P** II 384 — *34* **P** II 18 82.

16 *11* **T** II 444.

17 *4f* **T** II 295 — *9* **P** I 29.

18 *4* **T** II 547 — *6* **P** I 202 — *6f* **P** I 440 — *7* **P** II 107 — *13* **P** II 487.

19 *4* **T** II 139.

20 *4* **P** I 452 — *15* **P** II 247 — *17* **P** III 647 — *21* **P** II 26 31 — *22* **P** II 520 **B** 74 — *26* **P** II 28.

21 *8* **P** II 384 — *11* **P** II 303 — *13* **T** I 405 — *14f* **P** III 125 — *18* **P** II 323 — *34* **P** II 483.

22 *8* **P** II 21 — *14* **T** II 61 — *16* **B** 77 136 139 — *20* **P** II 76 — *25* **T** II 516 **P** I 537 — *28* **P** II 200 402 III 382 388 **B** 83 — *30* **P** I 23 III 679.

23 *3* **P** II 498 — *8* **P** I 231 — *13* **T** I 326 **P** III 330.

24 *11* **P** III 73 — *15* **P**

I 360 — *16* **T** II 156 **P** I 21 **B** 117 — *17* **B** 123 — *18* **P** III 723 — *19* **T** I 443 II 340 **P** III 638 — *20* **T** I 329 **P** II 136 — *21* **P** III 174 — *22* **P** I 465 — *24* **T** II 343 **P** II 166 **B** 64.

25 *2* **T** II 144 507 **P** I 331 334 412 III 413 571 — *3* **T** II 138 389.

26 *7* **P** II 18 — *9* **P** I 160 — *11* **P** II 293 III 211 **B** 17 — *12* **P** II 293 — *14* **P** III 291.

27 *2* **T** I 66 — *8* **B** 64 — *12* **P** I 312.

28 *3* **P** I 354 — *7* **P** III 592 — *10* **P** III 67 148 290 — *11* **T** I 274 **P** III 382 — *12* **P** I 235 286 III 700 — *13* **P** II 31 — *13 f* **P** I 161 — *17* **T** I 304 II 21 **P** III 550 — *21* **P** I 530 — *25* **P** III 117 603 733 — *27* **P** III 116 489 — *28* **P** II 200 III 168 570.

29 *13* **P** II 384 **B** 117 129 — *14* **P** I 25 — *17-25* **P** III 499 — *18* **P** I 46 III 605 — *19* **P** I 25 — *25* **P** II 123 **B** 135.

30 *3* **T** II 289 **P** III 73 420 — *4* **P** II 314 III 229 — *15* **P** I 15 III 148 — *24* **P** II 113 **B** 130 — *31* **P** III 32.

31 *1* **P** I 537 **B** 118 — *10* **P** I 132 — *13* **T** II 158 **P** II 155 — *15* **P** I 226 — *20* **T** II 350 — *32* **P** I 258 III 363 — *34* **P** I 507 — *38* **P** II 525 — *40* **P** I 101 III 356.

32 *2* **T** I 225 323 — *3* **T** II 205 — *6* **P** I 240 — *8* **P** I 24.

33 *3* **T** II 336 **P** III 307 — *22* **P** III 279 — *23* **T** II 307 — *23 f* **P** III 771 — *25* **B** 74 — *29* **P** III 39.

34 *11* **P** II 478 — *14 f* **P** III 307 — *20* **P** III 498 — *25* **P** I 85 — *26* **P** II 520 III 767 — *29* **T** II 61 **P** I 537 — *30* **T** I 96 **P** I 312 400 III 204 — *31* **T** II 444 — *33* **B** 11 — *37* **B** 139.

35 *10* **P** III 585.

36 **P** III 95 — *2* **T** II 45 — *3* **P** II 526 III 118 671 — *5* **P** III 542 — *7* **P** I 9 II 53 227 402 — *13* **P** III 330 — *16* **P** I 57 — *19* **P** I 228 367 II 14 — *21* **P** III 315 — *22* **P** III 382 — *24* **T** I 432 — *27* **T** I 136 **P** III 605 — *28*

T I 136 — *30* **P** I 101 264 — *32* **P** I 101 264 II 157 **B** 129 — *33* **P** II 163 **B** 118.

37 **P** III 95 — *1* **P** III 658 — *3* **P** I 101 — *5* **P** I 414 II 84 426 — *6* **T** I 135 136 II 387 **P** III 159 201 218 **B** 118 — *9* **T** I 139 — *11* **P** I 101 264 II 157 — *16* **P** III 113 — *18* **P** I 31 329 411 — *20* **P** I 243 III 380 — *21* **T** II 348 **P** I 101 264 III 298 **B** 105 — *23* **P** II 284 528 III 619 **B** 4 — *24* **T** I 432.

38 *1* **P** III 547 **B** 118 — *3* **P** III 261 — *4* **P** I 400 — *6* **T** II 399 — *7* **P** II 384 — *11* **P** I 23 III 74 — *12* **P** I 321 — *13* **T** I 379 — *15* **P** I 400 542 II 87 **B** 60 — *16* **T** I 137 — *25* **P** II 203 **B** 140 — *28* **P** I 380 — *31 f* **P** II 473 — *33* **P** II 473 — *35* **P** I 108 — *36* **P** II 45 — *38* **T** I 136.

39 *7* **T** II 289 — *26* **P** III 219 — *27* **P** III 603.

40-41 **P** I 338 III 356.

40 *15* **P** II 385 — *17* **T** II 144 — *23* **P** III 302.

41 *3* **P** III 491 — *7* **T** I 397 **P** I 13 — *10* **T** I 139 **P** II 140 — *22* **T** I 397 — *24* **B** 139 — *26* **P** I 463 III 361.

42 *7* **B** 118 — *8* **P** I 28 — *10* **P** III 306 — *12* **T** I 315 II 46 — *14* **P** I 266 **B** 36 69.

Hohelied שיר השירים

T I 193 238 318 345 II 47 211 449 493 527 **P** I 81 363 II 526 III 179 244 336 493

1 *1* **T** 99 **P** I 203 313 II 385 448 III 74 196 675 — *2* **T** II 273 **P** I 178 313 490 II 37 III 461 692 701 — *3* **T** I 18 293 **P** I 313 III 263 354 363 387 573 639 **B** 75 — *4* **T** I 340 **P** I 178 314 II 224 III 263 356 431 461 769 — *5* **P** I 334 III 263 736 — *6* **T** I 57 II 174 **P** I 314 II 270 291 466 — *7* **P** III 196 382 461 **B** 55 — *8* **T** I 46 51 319 **P** III 548 722 729 — *9* **T** I 320 326 **P** I 74 II 456 526 — *10 f* **P** I 52 — *10* **P** I 452 II 498 III 148 — *11* **P** III

383 — *12* **T** I 319 II 47 211 290 **P** II 137 III 264 383 750 — *13* **P** I 143 314 401 469 III 148 196 — *13 f* **P** III 383 — *14* **P** II 270 III 548 562 — *15* **T** II 471 **P** II 227 — *15 f* **P** II 137 — *16 f* **P** II 346 — *17* **P** I 315.

2 *1* **P** II 76 498 III 148 264 383 — *2* **P** II 76 243 III 78 358 411 675 — *3* **P** I 116 453 II 270 385 III 462 658 — *4* **T** II 19 47 211 **P** I 40 366 II 137 224 385 III 149 230 291 384 766 — *5* **P** II 211 277 III 264 — *6* **T** II 47 211 **P** I 315 — *7* **T** II 47 **P** I 101 431 II 77 327 526 III 62 197 280 384 — *8* **T** I 149 II 263 290 355 **P** II 77 — *9* **P** I 440 II 221 270 III 120 — *10* **P** I 315 III 462 — *10-12* **P** III 488 — *11* **P** III 475 — *12* **P** I 315 III 475 669 **B** 101 — *14* **T** I 115 289 319 366 **P** I 248 315 II 54 77 III 197 485 545 558 — *15* **T** II 406 **P** III 245 384 — *17* **P** III 264 384 736.

3 *1* **P** I 197 II 326 499 — *4* **P** II 77 228 — *5* **P** I 431 II 327 III 62 280 — *6* **P** I 315 III 265 463 475 — *7* **T** II 48 415 **P** I 315 389 563 III 463 — *8* **T** II 174 337 **P** I 62 III 296 — *9* **T** II 212 — *9-11* **P** III 149 197 — *10* **P** III 244 476 669 — *11* **T** II 58 174 **P** II 271.

4 *1-4* **P** II 271 III 292 — *1* **P** I 316 II 137 303 385 — *2* **P** II 385 — *3* **P** I 67 371 II 386 499 III 265 358 — *4* **P** II 271 III 384 420 — *5* **T** II 383 **P** II 386 — *6* **P** III 74 — *7* **B** 146 — *8* **P** II 203 386 III 173 733 — *9* **P** I 74 III 457 — *10* **P** I 500 — *11* **T** I 427 **P** I 223 282 364 426 II 314 III 61 355 **B** 107 — *12* **T** II 449 **P** I 147 II 200 287 III 331 455 — *13* **T** I 370 **P** II 386 462 526 III 149 — *14* **P** II 171 III 197 — *15* **P** I 326 III 463 — *16* **P** I 431 III 719 — *16 f* **P** II 137.

5 *1* **P** I 44 III 211 394 — *2* **T** II 175 **P** I 40 454 II 322 III 237 — *3* **P** I 316 — *4* **P** II 499 III 463 — *6* **P** I 162 II 471 — *8* **P** II 327 III 62 280 — *9* **T** I 293 **B** 127 — *10-16* **P** III 608 649 — *10* **P** II 139 416 499 III 736

— *11* **T** I 156 **P** III 31 38 167 464 675 747 **B** 37 99 118 — *12* **P** III 550 — *12f* **P** III 471 — *13* **P** I 36 II 28 III 470 **B** 29 — *14* **T** I 392 **P** I 261 474 III 420 531 — *15* **P** II 185.

6 *1* **T** I 293 — *2* **P** I 401 440 — *3* **T** I 293 — *4* **P** III 198 — *5* **P** III 212 — *6* **P** III 149 — *7* **P** III 265 — *8* **T** II 223 301 **P** II 222 329 III 568 — *9* **P** III 712 — *10* **T** I 201 II 146 290 307 **P** I 179 — *11* **P** I 143 II 386 III 168 385 420 464 497 762 **B** 118 129.

7 *1* **P** I 15 III 105 388 698 706 — *2-6* **P** III 608 649 — *2* **T** I 134 II 131 469 **P** I 316 III 265 292 554 739 **B** 118 122 — *3* **P** I 316 401 431 II 272 323 387 III 265 497 539 545 609 706 **B** 146 — *5* **T** I 395 **P** I 42 52 — *6* **P** II 387 499 III 385 — *8* **T** I 263 — *9* **P** I 74 II 63 III 539 — *10* **T** I 87 **P** I 121 262 316 II 338 462 III 198 548 722 — *12-14* **P** II 499 — *12* **B** 118 122 130 133 — *14* **P** II 377 499 **B** 65 118 122 130.

8 *2* **P** III 385 — *4* **P** I 431 II 327 III 62 280 — *5* **P** II 500 III 385 394 — *6* **T** II 48 **P** II 113 — *7* **P** I 224 493 — *8* **T** II 516 **P** I 235 III 171 — *8-10* **P** I 316 III 387 — *9* **P** I 349 III 622 **B** 96 — *10* **B** 118 130 — *12* **P** III 409 686 703 **B** 44 — *13* **T** II 516 **P** III 154 — *13f* I 365 III 31 — *14* **P** II 272 462.

Ruth רות

P III 31

1 *1* **P** I 312 541 **B** 54 — *1f* **P** III 772 — *2* **T** II 38 122 315 **P** III 307 325 **B** 14 — *3* **P** I 151 III 678 — *4* **P** III 82 **B** 38 — *7* **P** I 312 III 40 — *8* **T** II 32 556 **P** III 31 680 — *9* **P** III 680 — *13* **P** II 462 III 678 — *14* **P** II 272 387 **B** 129 — *16* **P** II 48 — *17* **P** I 87 — *18f* **P** III 170 — *19* **P** II 272 III 731 774 — *21* **T** II 516 — *22* **P** II 246.

2 *3* **P** II 60 III 198 — *4* **P** I 55 — *5* **P** III 699 — *7* **P** II 60 — *11* **P** II 225 — *14* **P** I 312 537 II 60 78 80 272 285 III 590 — *19* **T** I 192 — *20* **P** I 234 507 — *23* **P** I 508.

3 *2* **P** II 481 — *3* **P** I 13 II 45 — *5* **P** II 225 — *6* **P** II 81 458 — *7* **P** III 331 — *10* **P** I 387 III 50 — *12* **P** II 225 — *13* **T** II 64 **P** I 29 165 III 248 292 **B** 14 — *14* **P** III 50 385 — *15* **T** II 516 — *18* **P** III 39.

4 *1* **P** I 202 537 III 331 **B** 14 — *2* **P** III 217 — *3* **P** I 165 — *8* **B** 6 — *14* **P** III 292 — *15* **T** II 263 — *17* **P** I 29 — *18* **P** I 549 II 282 503 — *18-22* **P** II 470 — *21* **B** 14.

Klagelieder איכה

T II 242 263 **P** III 336 608

1 *1* **T** I 292 423 **P** I 317 318 II 281 395 400 505 III 32 538 550 641 **B** 8 120 — *2* **T** II 131 **P** I 318 II 331 III 74 198 498 571 **B** 120 — *3* **P** I 370 III 149 **B** 8 — *4* **P** II 273 III 538 768 — *5* **P** I 318 III 703 **B** 120 — *5f* **P** III 168 — *6* **T** I 11 16 122 **P** I 179 III 149 198 610 — *9* **P** I 17 — *10* **P** I 83 II 250 III 612 — *11* **P** III 339 — *12* **P** I 318 **B** 120 — *13* **P** II 481 III 757 **B** 120 — *15* **P** II 203 **B** 113 120 — *16* **T** II 264 **P** I 137 538 III 74 79 — *17* **P** II 331 III 78 **B** 8 121 — *18* **P** III 454 — *19* **T** II 131 — *20* **P** I 465 508 — *21* **P** II 387.

2 *1* **P** I 465 508 III 308 678 684 752 — *2* **T** II 472 **P** I 318 II 266 — *3* **P** I 145 370 408 — *4* **P** II 505 — *6* **P** I 465 538 II 138 — *7* **P** I 42 538 II 287 — *8* **P** I 318 III 150 — *9* **P** II 531 III 300 — *10* **P** I 437 II 63 273 — *12* **P** II 448 527 — *13* **T** II 399 449 **P** I 74 179 II 303 III 420 499 562 571 — *14* **P** II 72 — *15* **P** II 327 — *16* **B** 120 — *17* **P** I 145 319 III 150 571 658 **B** 120

— *19* **P** I 237 — *22* **P** III 698.

3 *1* **P** I 179 538 II 407 III 385 — *3* **P** I 359 — *6* **P** III 96 367 — *7* **P** III 74 — *8* **P** II 17 — *9* **B** 135 — *13* **B** 8 37 — *15* **P** III 431 — *17* **T** II 334 **P** I 222 II 110 273 III 105 — *18* **P** I 359 — *20* **T** II 205 **P** III 266 — *21* **P** I 247 — *22* **P** I 359 545 — *23* **T** I 178 **P** I 202 II 284 **B** 8 — *24* **P** I 255 II 279 286 — *25* **P** II 76 — *27* **P** I 359 — *28* **P** I 145 — *29* **T** II 467 — *31* **P** I 359 — *33* **T** II 126 **P** II 304 — *38* **P** III 420 — *39* **P** I 538 II 388 III 292 498 — *40* **P** III 534 **B** 56 — *41* **T** II 161 **P** II 157 III 301 **B** 75 — *42* **P** II 388 — *43* **P** I 480 — *44* **P** I 480 491 — *50* **P** I 543 — *63* **P** III 78 — *66* **T** I 147.

4 *1* **P** I 465 508 — *4* **T** II 264 **P** II 489 — *6* **P** I 319 III 485 — *7* **P** III 266 — *8* **P** II 335 — *12* **P** III 641 — *15* **T** II 46 — *19* **P** III 75 571 — *22* **P** I 96 496.

5 *1* **P** II 281 III 266 331 360 — *3* **P** II 388 — *5* **P** I 294 — *6* **P** III 121 — *7* **P** III 429 — *14* **P** III 529 **B** 142 — *15* **B** 67 — *17 f* **T** I 92 II 302 — *20* **P** I 179 III 731 — *22* **P** I 179 402.

Koheleth קהלת

T I 21 II 493 527 **P** I 81 III 50 103 179 244 336 493 662

1 *1* **P** I 203 389 — *2* **T** II 133 318 429 **P** III 158 214 — *3* **P** I 46 II 388 III 562 662 — *4* **T** II 319 **P** I 33 413 II 226 388 III 150 385 655 — *4 f* **T** II 538 — *5* **P** I 229 II 477 — *6* **T** I 138 139 II 175 — *8* **P** I 550 **B** 139 — *9* **T** I 94 **P** I 561 III 591 740 — *10* **P** I 138 — *11* **P** III 150 776 — *12* **T** I 249 II 101 **P** I 389 446 III 50 292 684 — *13* **P** I 228 II 108 — *14* **P** II 509 — *15* **T** I 10 11 II 90 491 **P** I 87 — *18* **P** I 508 III 546 659.

2 *1* **P** III 331 625 — *2* **P** II 481 III 150 332 341 643

— *4-6* **P** II 393 — *4-8* **P** III 688 — *5* **T** II 503 — *9* **P** III 150 688 — *10* **P** I 389 446 — *12* **T** II 134 **P** II 462 526 — *13* **T** II 21 — *14* **T** II 19 — *15* **P** III 688 — *24* **P** III 50 — *26* **P** II 388 504.

3 *1-8* **P** II 388 — *1* **P** III 669 — *2* **P** III 352 — *4* **T** I 8 — *5* **P** III 476 — *10* **P** II 307 — *11* **T** II 462 **P** I 75 446 III 486 658 665 **B** 142 — *13* **P** III 50 — *14* **P** I 184 231 II 51 III 174 243 **B** 49 — *15* **T** II 264 **P** I 116 III 301 498 597 — *16* **P** I 179 II 260 III 198 — *17* **T** II 483 **P** II 527 — *19* **P** III 421 — *20* **P** III 266 741 — *21* **T** II 168.

4 *1* **P** I 15 III 662 761 — *2* **P** I 162 164 520 III 199 508 — *4* **P** I 488 — *6* **P** II 183 221 278 III 385 — *8* **P** III 124 690 — *9* **T** II 265 **P** I 313 465 II 224 — *12* **T** II 286 **P** I 90 III 25 — *17* **T** I 45 **P** I 75 268 II 527 III 151 763 **B** 118.

5 *1* **T** II 22 — *4* **T** II 46 200 — *5* **T** I 433 II 470 **P** I 179 II 527 III 33 454 662 — *6* **P** III 90 — *7* **P** I 429 — *8* **P** III 545 — *8 f* **T** II 265 — *9* **T** II 545 **P** II 284 III 742 **B** 145 — *11* **P** III 13 488 — *12* **P** I 157 402 538 II 273 388 III 612 — *13* **P** II 273 — *14* **T** II 19 **B** 73 — *15* **P** II 389 III 621 — *17* **P** III 50 — *18* **P** III 332.

6 *1* **P** III 747 — *2* **T** II 503 **P** II 312 — *4* **P** I 52 — *7* **P** III 51 685 747 — *12* **P** III 158 316.

7 *1* **T** II 13 **P** III 214 332 — *2* **T** I 331 **P** II 203 III 20 455 — *6* **P** III 548 — *8* **T** I 315 II 56 **P** III 244 — *12* **P** I 239 II 182 — *14* **T** I 315 344 **P** II 320 478 III 151 639 — *15* **T** I 377 **P** III 249 — *16 f* **P** III 453 — *17* **P** III 386 **B** 140 — *19* **P** I 260 — *20* **T** I 126 **P** III 243 — *23* **P** II 279 — *26* **T** I 433 **P** III 435 711 723 **B** 52 118 132 — *27* **T** II 62 **P** II 273 III 587 — *28* **P** III 488.

8 *1* **P** I 216 495 **B** 44 74 — *2* **P** II 389 III 729 — *4* **P** I 322 III 430 — *4 f* **P** II 172 200 — *5* **P** III 553

— *8* **T** II 266 290 **P** II 245 400 462 — *9* **P** II 23 — *10* **P** II 274 III 122 199 421 — *13* **P** I 254 II 29 227 — *14* **B** 75 118 — *15* **P** III 50 230 — *17* **P** II 181.

9 *2* **P** II 204 — *4* **P** I 87 III 508 — *5* **T** II 526 — *7* **P** II 274 319 III 115 200 492 557 — *8* **T** I 39 II 516 — *9* **P** II 490 **P** I 57 II 310 — *10* **P** I 86 III 421 — *11* **P** II 202 III 476 658 **B** 41 — *12* **P** I 380 III 185 386 — *13* **P** III 747 — *16* **P** I 235 — *18* **T** I 282 II 63.

10 *1* **T** I 413 — *2* **P** I 313 — *6* **B** 45 — *8* **T** II 87 91 — *9* **P** III 244 **B** 118 — *10* **P** I 363 II 163 III 200 386 **B** 118 129 — *11* **P** I 402 485 II 163 479 — *12f* **P** III 554 — *14* **P** II 462 — *18* **P** II 78 107 III 734 **B** 72 — *20* **P** II 335 389 III 159 167 413 587.

11 *1* **P** II 278 III 669 — *2* **T** I 151 156 **P** II 320 463 — *6* **T** I 156 263 304 II 386 **P** I 488 — *7* **P** II 295 480 — *9* **T** I 259 II 143 525 **P** II 423 527 III 50 332 478 602 **B** 56 — *10* **P** I 62 II 274 **B** 147 — *10f* **P** II 389.

12 *1-7* **P** II 395 — *1* **T** I 413 II 139 425 **P** II 238 III 688 — *2* **P** II 298 — *3* **T** II 503 — *3-6* **P** III 688 — *4* **P** I 490 III 442 — *5* **P** I 416 II 295 — *7* **P** II 473 III 538 — *9* **P** I 380 III 740 **B** 52 118 128 — *10* **B** 11 44 — *11* **P** III 293 354 495 — *11f* **T** I 232 — *12* **T** II 483 **P** III 355 757 **B** 109 118 122 140 — *13* **B** 34 — *14* **T** II 467 **P** I 38 230 II 84 442 **B** 35 40 118.

Esther אסתר

T II 49 **P** I 263

1 *1* **T** I 339 II 266 313 **P** I 27 29 265 541 II 274 282 331 356 398 III 129 177 204 367 391 776 **B** 7 30 38 39 67 — *2* **P** II 228 274 III 61 78 461 669 **B** 119 — *3* **T** II 266 **P** I 508 II 45 III 293 747 **B** 119 — *4* **P** I 440

II 200 III 61 200 — *5* **T** II 267 **P** II 252 453 527 III 553 **B** 39 — *6* **T** II 242 348 525 **P** I 266 441 538 II 237 III 293 724 776 **B** 39 83 — *7* **P** II 237 III 776 **B** 119 122 133 — *8* **T** II 46 **P** II 45 252 III 665 **B** 7 119 125 — *10* **P** I 180 255 266 508 II 227 III 77 624 712 **B** 119 121 — *12* **P** I 330 437 **B** 119 122 — *13* **B** 119 122 — *14* **P** II 390 — *16* **T** I 96 **P** I 296 III 609 **B** 146 — *18* **B** 39 — *19* **P** III 679 — *20* **P** III 200 **B** 39 — *22* **P** III 293 334 **B** 119 125.

2 *3* **P** III 293 — *4f* **P** III 769 — *5* **T** II 211 **P** I 169 255 262 263 542 II 390 **B** 82 119 130 — *6* **P** I 82 **B** 119 — *7* **T** II 38 267 **P** II 64 — *8* **P** I 296 — *9* **B** 119 — *10* **P** III 583 — *11* **T** I 219 **P** III 714 — *12* **B** 51 — *14* **P** III 200 — *15* **T** I 318 II 267 **P** II 45 390 — *16* **P** I 297 476 III 748 — *17* **P** II 356 III 61 — *18* **P** III 575 — *21* **P** I 296 326 II 356 — *22* **T** II 49 — *23* **P** III 623 — *23f* **P** III 343.

3 *1* **T** II 175 267 **P** II 416 **B** 119 — *4* **P** III 665 — *6* **P** II 423 **B** 119 122 — *7* **T** II 190 **P** I 448 — *8* **P** III 760 **B** 119 122 — *9* **P** I 402 II 358 III 415 602 — *10* **P** II 500 — *11* **P** II 509 — *13* **P** II 432 — *14* **P** II 330 — *15* **P** III 266 767.

4 *1* **P** I 104 II 253 III 68 **B** 40 — *3* **P** I 254 II 274 III 620 — *4* **P** III 583 — *5* **P** II 274 **B** 14 — *12* **P** II 500 — *16* **P** III 583 — *17* **B** 40.

5 *1* **P** I 27 363 — *2* **P** I 296 330 II 64 275 III 583 — *4* **T** I 95 157 201 II 175 **B** 119 — *8* **T** II 267 — *11* **B** 135 — *12* **P** III 547 — *14* **P** I 27.

6 *1* **T** II 126 217 **P** I 264 296 III 63 177 634 — *3* **B** 119 — *9* **P** III 665 — *13* **T** II 218 **P** I 254 — *14* **P** I 15.

7 *4* **P** II 262 — *5* **T** II 105 **P** II 64 — *6* **P** II 65 — *8* **T** II 152 **P** II 65 — *9* **P** II 65 III 334 — *10* **P** III 731.

8 *7* **P** III 200 — *8* **P** II 234 — *9* **P** III 568 — *15* **P** II 68 III 561 665 — *16* **T** II 218 524.

9 *7-9* **P** III 622 — *10* **T** I 397 — *12* **T** I 250 **P** III 138 — *19* **P** I 481 III 217 **B** 131 — *21* **P** II 48 — *22* **P** I 510 — *25* **P** III 731 — *26* **B** 60 — *27* **P** I 155 **B** 119 — *28* **P** I 268 442 III 61 — *29* **P** I 180 III 45 — *30* **P** II 37 — *31* **P** I 268 277 III 231.

10 *2* **P** III 45.

Daniel דניאל

P III 294

1 *4* **P** I 465 475 — *5* **T** II 160 — *6* **P** I 524.

2 *1* **T** II 268 529 — *4* **P** II 251 — *14* **P** I 168 — *18* **P** I 326 III 671 — *21* **T** II 168 **P** I 229 III 431 — *22* **P** III 201 205 757 — *29* **P** I 63 — *34* **P** I 415 — *35* **P** III 658 — *42* **P** III 246 — *46* **P** III 763 — *49* **P** II 356.

3 *1* **P** I 277 — *2* **P** III 151 — *12* **T** I 140 141 **P** I 255 — *14* **P** I 294 539 II 483 III 215 — *17* **P** I 27 II 287 — *18* **P** III 686 — *20* **P** II 460 — *21* **P** III 267 294 **B** 21 — *25* **P** I 228 330 524 III 80 362 736 — *27* **P** II 63 — *28* **P** II 288 III 80 362 379 775 — *32* **P** II 251 — *33* **P** II 251.

4 *14* **P** I 330 II 419 III 425 — *24* **P** I 169 — *33* **P** III 583 — *34* **P** I 524.

5 *1* **P** I 466 508 II 46 III 294 — *8* **P** I 277 — *17* **P** II 483 III 386 — *20* **P** III 44 — *25* **T** II 46 525 **B** 30 38 — *30* **P** I 524 II 64.

6 *18* **P** II 128 III 299 **B** 4 — *23* **P** II 288 III 299 585 — *25* **P** I 51.

7 *3* **P** I 253 498 — *4* **P** I 509 II 46 — *5* **B** 103 — *7* **P** I 179 252 371 — *8* **P** I 253 — *9* **T** I 224 324 361 **P** I 145 257 415 543 II 185 III 86 — *10* **T** I 178 II 138 389 **P** III 583 **B** 17 — *11* **P** II 404 — *13* **P** I 152 332 548 — *16* **P** I 546 — *23* **P** I 253 — *25* **P** III 237.

8 *12* **P** II 441 III 745 — *13* **P** I 31 330 III 294.

9 *2* **B** 124 — *3* **P** I 468 — *4* **P** I 182 — *7* **T** II 235 268 **P** I 495 II 64 349 III 187

489 628 — *9* **P** I 75 — *11* **P** I 522 — *13* **P** III 612 — *14* **B** 36 69 — *19* **P** II 217 — *21* **P** III 696 — *22f* **P** II 275 — *23* **P** III 151 — *24* **T** II 177 — *27* **T** II 177 **B** 124.

10 *1* **P** I 330 III 152 — *6* **P** III 371 — *7* **P** II 201 — *11* **P** III 151 — *12* **P** III 19 — *19* **P** III 151 — *21* **P** III 220.

11 *14* **P** II 433 **B** 105 — *41* **P** I 17 **B** 66.

12 *1* **P** I 539 II 390 433 — *2* **T** I 18 **P** I 331 — *3* **T** II 146 492 — *4* **P** III 697 — *7* **T** I 144 145 — *11* **B** 124 — *11f* **P** III 482 — *12* **P** I 408 — *13* **P** I 408 **B** 145.

Esra עזרא

1 *2f* **P** III 554 — *2* **P** III 129 — *3* **P** II 36 **B** 76 — *5* **P** III 713 — *9* **P** I 381 II 448.

2 *2* **P** III 440 — *6* **T** II 46 — *51* **P** I 425 — *53* **P** I 425 — *59* **P** I 402 II 463 III 332.

3 *3* **P** II 65.

4 *6* **P** III 555 — *9* **T** II 189 **P** III 237 — *10* **P** I 293 — *13* **P** III 294.

5 *1* **P** I 113.

6 *22* **P** III 121.

7 *6* **T** II 182.

8 *15* **P** II 13 — *27* **B** 39 — *28* **B** 45 — *34* **P** III 431 — *35* **T** II 175 211.

9 *9* **P** III 758.

10 *8* **P** II 238.

Nehemia נחמיה

P III 583

1 *7* **P** I 313 III 620.

3 *26* **T** I 69.

4 *4* **P** III 752.

5 *19* **P** III 583.

7 *61* **P** II 112.

8 *3* **B** 70 — *6* **P** III 565 — *8* **P** III 687 **B** 31 — *10* **T** I 108 II 406 **B** 70 — *15* **B** 70 — *17* **P** III 703.

9 *5* **P** III 421 — *6* **P** I

108 141 II 139 292 III 687 — *6 f* **P** III 461 — *7* **P** III 595 — *8* **P** II 465 470 III 152 — *14* **P** III 696 — *17* **T** I 151 — *18* **T** II 119 — *18* **P** I 495 III 759 — *20* **P** III 258 — *32* **P** I 183 III 318.

10 *1* **P** I 296 — *15* **T** II 175 — *33* **P** III 407 — *38* **P** I 155.

11 *2* **P** I 425 — *35* **P** III 332.

12 *28* **P** III 134 — *31* **B** 70.

13 **P** II 49.

Chronik I דברי הימים א

T II 474 **P** II 466

1 *1* **T** II 549 — *7* **P** II 463 III 90.

2 *2* **P** II 463 — *6* **P** I 165 517 **B** 38 — *17* **P** I 152 520 **B** 129 — *18* **P** I 232 III 386 — *48 f* **P** II 193 — *55* **T** II 117 545 **P** II 108 III 25.

3 *3* **P** III 188 — *10* **P** III 179 — *15* **P** I 274 — *17* **P** I 141 III 476 651 752.

4 *2* **P** III 200 648 — *3* **B** 14 — *9* **P** II 463 — *10* **T** II 442 483 — *18* **P** I 180 313 II 304 349 390 463 501 III 176 **B** 119 — *21* **P** I 180 — *22* **P** III 152 771 **B** 38 — *23* **T** II 268 **P** II 390 III 75 — *42* **B** 140.

5 *1* **P** II 335 III 594 — — *10* **P** II 391 III 307 — *17* **T** II 176 — *18* **P** III 152.

6 *13* **P** III 201 — *34* **T** II 546.

7 *20* **P** III 281 — *27* **P** II 314 — *31* **P** II 391 — *40* **P** I 75.

8 *8* **T** II 381 — *12* **P** II 46 — *27* **T** II 282 — *33* **P** I 387.

9 *20* **P** III 236.

11 *6* **P** II 352 — *13* **P** I 506 509 II 335 III 571 — *17* **T** II 517 529.

12 *21* **P** I 526 — *22* **P** II 257 — *23* **P** III 217 — *28* **P** III 366 — *33* **T** I 116 **P** III 409 — *34* **P** III 476 — *35* **P** III 409.

14 *12* **B** 56 — *17* **T** II 80.

15 *26* **P** III 455.

16 *27* **P** III 269 **B** 143 — *35* **P** I 176.

17 *5* **T** II 295 — *9* **B** 56 — *21* **P** II 496.

18 *14 f* **P** II 58.

19 *16* **B** 38.

21 *5* **P** I 152 — *15* **T** II 268 **P** I 313 359 II 275 III 572 **B** 40 — *16* **P** I 519 III 68 — *18* **P** III 624 — *24* **P** III 170 — *25* **T** II 281 388 **B** 124 — *31* **P** I 289.

22 *7* **T** II 114 216 — *8* **P** I 289 II 283 III 442 676 — *13* **T** II 549 **P** II 484 III 422.

23 *13 f* **P** II 452 — *17* **T** II 183.

24 *2* **P** II 457 — *5* **P** II 391 — *6* **P** III 307 — *19* **T** II 297.

25 *3* **P** I 509 — *5* **P** I 180.

26 *4* **P** III 580 — *5* **P** I 266 — *10* **P** III 508 — *24* **P** I 288 518.

27 *4* **P** III 267 386 — *18* **P** II 60 — *25* **P** III 655.

28 *2* **P** II 78 **B** 80 — *9* **P** II 83 275 III 152 — *12* **P** III 455 — *18* **P** I 46 III 605 — *19* **P** III 45.

29 *4* **P** III 50 — *9 f* **P** III 707 — *11* **T** I 288 **P** II 464 III 280 389 **B** 20 — *14* **T** I 442 — *19* **P** I 380 — *21* **P** I 383 III 726 — *23* **P** I 389 II 275 III 359 418 — *28* **P** I 403.

Chronik II דברי הימים ב

1 *13* **P** I 78.

2 *1* **P** III 699 — *3* **P** I 241 — *13* **P** I 290 — *16* **P** I 95.

3 *2* **P** I 267 II 49 III 456 — *3* **P** III 267 — *6* **P** I 381.

4 *5* **T** II 175 — *19* **T** II 282.

5 *13* **T** II 549.

6 *42 f* **P** III 509.

7 *1* **T** II 132 **P** I 520 — *5* **P** II 391 — *9* **P** III 702 — *14* **P** II 13.

8 *4* **P** III 43.

9 *17* **P** I 105 — *18* **P** III 295 — *20* **P** II 248.

10 *16* **T** II 205.

12 *7* **P** III 633 — *15* **T** II 55 — *15* **P** III 44.

13 *17* **P** II 162 501 — *20* **P** I 291 509.

14 *5* **P** II 46 — *12* **P** III 641.

15 *3* **B** 57 — *7* **P** III 258.

16 *14* **P** I 509 II 46.

Anhang.

Namen-Register

zur

Agada der babylonischen Amoräer.

Amoräer.

Tannaiten.

Bacher, Dr. Wilh., Die Agada der babylonischen Amoräer. Ein Beitrag zur Geschichte der Agada und zur Einleitung in den babylonischen Talmud. Gr. 8°. XVI, 151 S. 1878. M 4.—

— — Die Agada der Tannaiten.

I. Band: Von Hillel bis Akiba. Von 30 vor bis 135 nach d. g. Z. 8°. Zweite Auflage unter der Presse.

II. Band: Von Akibas Tod bis zum Abschluß der Mischna (135—220 nach d. g. Z.). 8°. VIII, 578 S. 1889. M 10.—

— — Die Agada der palästinensischen Amoräer.

I. Band: Vom Abschluß der Mischna bis zum Tode Jochanans (220 - 279 nach d. g. Z.). 8°. XVI, 587 S. 1892. M 10.—

II. Band: Die Schüler Jochanans. Gr. 8°. VI, 545 S. 1896. M 10.—

III. Band: Die letzten Amoräer des heiligen Landes. (Vom Anfange des 4. bis zum Anfange des 5. Jahrhunderts.) 8°. XII, 803 S. 1899. M 12.—

— — Die Bibelexegese der jüdischen Religionsphilosophen des Mittelalters von Maimûni. Gr. 8°. VIII, 156 S. 1892. M 4.—

— — Varianten zu Abraham Ibn Esra's Pentateuch-Commentar aus dem Cod. Cambridge Nr. 46. 8°. IV, 108 S. 1894. (In hebräischer Sprache.) (Sonderausgabe aus dem Magazin für die Wissenschaft des Judentums.) M 3.—

— — Die Bibelexegese Moses Maimûni's. 8°. XVI, 176 S. 1897. M 4.—

— — Abraham Ibn Esra als Grammatiker. Ein Beitrag zur Geschichte der hebräischen Sprachwissenschaft. 8°. 192 S. 1882. M 4.—

— — Ein hebräisch-persisches Wörterbuch aus dem vierzehnten Jahrhundert. 8°. 212 S. 1900. M 4.—

Sa'dî's, Muslicheddin, Aphorismen und Sinngedichte. Zum ersten Male herausgegeben und übersetzt von Dr. Wilh. Bacher. Mit Beiträgen zur Biographie Sa'dî's. Mit Subvention des Autors durch die Kaiserliche Akademie der Wissenschaften in Wien. 8°. LXXIV, 200 S. 1879. M 6.—

VERLAG VON KARL J. TRÜBNER IN STRASSBURG.

Unter der Presse:

Die Agada der Tannaiten.

Erster Band: Von Hillel bis Akiba.
Von 30 vor bis 135 nach d. g. Z.

Von

Dr. Wilhelm Bacher,
Professor an der Landes-Rabbinerschule zu Budapest.

Zweite Auflage.

Auszug aus dem Verlagskatalog von Karl J. Trübner in Strassburg

mdcccci

Durch die meisten Buchhandlungen des In- und Auslandes zu beziehen.

III. Indogermanische Sprachwissenschaft und Altertumskunde. Allgemeine Linguistik.

Bacmeister, A., Keltische Briefe. Herausg. von Otto Keller. 8°. VII, 134 S. 1874. ℳ 4 —

Von Seiten der Sprache wird darin ein Gesamtbild von dem ältesten Culturleben der keltischen Stämme entworfen, wie es sich aus dem Rahmen des indo-germanischen Alterthums abhebt, und in anmuthiger, von geistvollen und gelehrten Abschweifungen reich durchzogener Darstellung vorgeführt; I. der Mensch an sich; II. die Natur ausser ihm; III. seine Einrichtungen; IV. seine Begriffe, wozu ein Anhang über elsäss. Lokalnamen kommt. Literarisches Centralblatt.

Die keltischen Briefe sind ein populär-wissenschaftliches Buch im besten und einzig zulässigen Sinn. Zeitschrift für Gymnasialwesen. XXVIII. Bd. 12. Heft.

Berneker, Dr. Erich, Die preussische Sprache. Texte, Grammatik, etymologisches Wörterbuch. 8°. X, 333 S. 1896. ℳ 8 —

..... Es war wirklich schon an der Zeit, Nesselmann's «Sprache der alten Preussen» durch ein dem heutigen Stand der Wissenschaft mehr entsprechendes Buch zu ersetzen und Berneker hat seine Aufgabe im Ganzen mit Glück gelöst. Es wäre überflüssig, den grossen Fortschritt, welchen Bernekers Grammatik gegen Nesselmann bedeutet, besonders hervorzuheben: wir machen in dieser Beziehung auf seine Akzentlehre aufmerksam, welcher es gelungen ist, nach Fortunatow's Vorgang ein wirklich unerwartetes Licht auf das Preussische zu werfen.....
Anzeiger f. indogerm. Sprach- u. Altertumskunde. VII. Band 3. Heft.

— — Slavische Chrestomathie mit Glossaren. 8°. ca. 25 Bogen. (Unter der Presse.)

— — siehe auch: Fortunatow, Vorlesungen.

Brugmann, Karl (ord. Professor der indogerm. Sprachwissenschaft in Leipzig) und **Berthold Delbrück** (ord. Professor des Sanskrit und der vergl. Sprachkunde in Jena), Grundriss der vergleichenden Grammatik der indogermanischen Sprachen. Kurzgefasste Darstellung der Geschichte des Altindischen, Altiranischen (Avestischen und Altpersischen), Altarmenischen, Altgriechischen, Albanesischen, Lateinischen, Umbrisch-Samnitischen, Altirischen, Gotischen, Althochdeutschen, Litauischen und Altkirchenslavischen.

I. Bd.: Einleitung und Lautlehre von Karl Brugmann. Zweite Bearbeitung. 1. Hälfte (§ 1—694). Gr. 8°. XL, 622 S. 1897. ℳ 16 —

— — 2. Hälfte (§ 695—1084 und Wortindex zum I. Band). Gr. 8°. IX u. S. 623—1098. 1897. ℳ 12 —

Die beiden Hälften des I. Bandes zusammen in einen Band in Halbfranz geb. ℳ 31 —

II. Bd.: Wortbildungslehre. (Stammbildungs- und Flexionslehre) von Karl Brugmann. 1. Hälfte. Vorbemerkungen. Nominalcomposita. Reduplicirte Nominalbildungen. Nomina mit stammbildenden Suffixen. Wurzelnomina. gr. 8°. XIV, 462 S. 1888. ℳ 12 —

— — 2. Hälfte, 1. Lief.: Zahlwortbildung, Casusbildung der Nomina (Nominaldeklination), Pronomina. gr. 8°. 384 S. 1891. ℳ 10 —

— — 2. Hälfte, 2. (Schluss-) Lief. gr. 8°. XII, 592 S. 1892. ℳ 14 —

Die drei Teile des II. Bandes zusammen in einen Band in Halbfranz geb. ℳ 40 —

Indices (Wort-, Sach- und Autorenindex) von Karl Brugmann. gr. 8°. V, 236 S. 1893. ℳ 6 —, in Halbfranz geb. ℳ 8 50

Brugmann u. Delbrück, Grundriss (Fortsetzung):

III. Bd.: Syntax von B. Delbrück. 1. Teil. gr. 8⁰. VIII, 774 S. 1893. ℳ 20 —, in Halbfranz geb. ℳ 23 —

IV. Bd. — — 2. Teil. gr. 8⁰. XVII, 560 S. 1897. ℳ 15 —, in Halbfranz geb. ℳ 18 —

V. Bd. — — 3. (Schluss-) Teil: Satzlehre. Mit Indices zu den drei Teilen der Syntax von C. Cappeller. gr. 8⁰. XX, 606 S. 1900. ℳ 15 —, in Halbfranz geb. ℳ 18 —

Preis des ganzen Werkes, 5 Bände und Indices, geheftet ℳ 120 —, in Halbfranz geb. ℳ 138 50

«. . . Nach meinem Erachten genügt es, die Leser dieser Zeitschrift auf die Bedeutung des vorliegenden Werkes aufmerksam gemacht zu haben, und dass diese eine ausserordentliche ist, muss jeder unparteiisch und billig Denkende mit lebhafter Freude eingestehen. Dass noch gar manche Partie der Aufhellung bedarf, weiss ohnehin jeder Einsichtige; aber was nach dem gegenwärtigen Standpunkte des Wissens geboten werden kann, bietet das Brugmann'sche Buch in vollem Maasse. Darum bedeutet es auch einen Markstein in der Geschichte der indogermanischen Sprachwissenschaft.»

Fr. Stolz, Neue philologische Rundschau 1887. Nr. 3.

Brugmann, K., Kurze vergleichende Grammatik der indogermanischen Sprachen. Auf Grund des fünfbändigen Werkes von Brugmann und Delbrück verfasst. gr. 8⁰. ca. 40 Bogen. (In Vorbereitung.)

Das grosse monumentale Werk von K. Brugmann und B. Delbrück hat mit der Veröffentlichung des fünften Bandes soeben einen glücklichen Abschluss erreicht. Damit ist der Zeitpunkt gekommen, einen Auszug aus diesem Werk für einen grösseren Kreis von philologisch Gebildeten ins Auge zu fassen. Der eine der beiden Verfasser hat sich bereit erklärt, diese Aufgabe zu übernehmen. Die «Kurze vergleichende Grammatik» soll die wichtigsten Thatsachen des grossen Werkes im Zusammenhang darstellen unter besonderer Berücksichtigung der klassischen Sprachen, des Germanischen, des Slavischen und des Altindischen und dabei den Umfang eines Bandes von ungefähr 40 Bogen nicht überschreiten.

— — siehe auch: Forschungen, Indogermanische.

— — siehe auch: Leskien u. Brugmann, Litauische Volkslieder.

Bühler's Grundriss der indo-arischen Philologie siehe: IV. Oriental. Philologie.

Cappeller, Carl (Professor des Sanskrit an der Universität Jena), Sanskrit-Wörterbuch. Nach den Petersburger Wörterbüchern bearbeitet. Lex.-8⁰. VIII, 541 S. 1887. ℳ 15 —, in Halbfranz geb. ℳ 17 —

Cappeller's Sanskrit-Wörterbuch verfolgt einen doppelten Zweck: Es soll einerseits als Specialwörterbuch zu Böhtlingk's Chrestomathie und einigen anderen wichtigeren Texten dienen, namentlich den Siebenzig Liedern des Rig-Veda, übersetzt von Geldner und Kaegi, den zwölf Hymnen des Rig-Veda, hrsg. von Windisch, den von Weber übersetzten Stücken aus dem Çatapatha-Brâhmana Nala und den Dramen des Kâlidâsa. Durch Berücksichtigung dieser Texte glaubte der Verfasser dem wohl unbestrittenen Bedürfnis eines nicht zu grossen und nicht zu kleinen Lexicons für die ersten Jahre des Sanskrit-Studiums Genüge zu leisten. Aber auch dem Vorgeschrittenen soll das Werk die grossen Petersburger Wörterbücher, auf denen es nach Form und Inhalt durchaus beruht, bis zu einem gewissen Grade ersetzen, dadurch, dass es aus denselben *alle belegbaren Wurzeln und primitiven Wörter von gesicherter Bedeutung, namentlich die der älteren Sprache angehörigen, entnommen hat, also nicht nur einen mehr oder minder zufällig entstandenen Ausschnitt aus dem Sprachschatze des Sanskrit bietet, sondern diesen selbst wenigstens in seinen Grundelementen mit einer gewissen methodischen Vollständigkeit vorzuführen sucht.*

Hierdurch soll insbesondere dem *vergleichenden Sprachforscher* das für seine Zwecke dienliche Material in möglichst bequemer Weise an die Hand gegeben werden, so nämlich, dass nach dem Vorbilde der zweiten Auflage des Böhtlingk'schen Wörterbuchs der alte Bestandteil der Sprache durch den Accent auf den ersten Blick als solcher kenntlich gemacht wird. — Durch Weglassung der meisten nur von den indischen Lexicographen und Grammatikern überlieferten Wörter, Wortformen und Constructionen, durch Ausschluss aller Citate und etymologischen Erklärungen, sowie durch grösste Kürze des Ausdrucks ist es möglich geworden, einen etwa dreimal so starken Wortschatz zu bieten, als er sich in den ungefähr ebenso starken Glossaren von Bopp und Benfey findet.

— — A Sanskrit-English Dictionary. Based upon the St. Petersburg Lexicons. Lex.-8⁰. VIII, 672 S. 1891. Geb. in engl. Leinwand ℳ 21 —

Den ausschliesslichen Vertrieb für England und die Kolonien haben: Luzac & Co. in London, für die Vereinigten Staaten: Ginn & Co. in Boston übernommen.

— — siehe auch: Pracandapândava u. Vamana unter: IV. Orientalische Philologie.

de Courtenay, J. Baudouin, Versuch einer Theorie phonetischer Alternationen. Ein Capitel aus der Psychophonetik. 8°. V, 124 S. 1895. M. 4 —

Delbrück, B., Grundfragen der Sprachforschung. Mit Rücksicht auf W. Wundt's Sprachpsychologie erörtert. 8°. VII, 180 S. 1901. M. 4 —

Inhalt: I. Kapitel: 1. Einleitung, 2. Vergleichung der Herbart'schen und der Wundtschen Psychologie, 3. Das sprachliche Material. — II. Kapitel: Die Geberdensprache. — III. Kapitel: Der Ursprung der Lautsprache. — IV. Kapitel: Der Lautwandel. — V. Kapitel: Wurzeln, Zusammensetzung. — VI. Kapitel: Wortarten und Wortformen, Kasus, Relativum. — VII. Kapitel: Der Satz und seine Gliederung. — VIII. Kapitel: Der Bedeutungswandel, Rückblick. — Literaturangaben. — Index.

— — siehe auch: Brugmann, Karl, und B. Delbrück, Grundriss.

Faust, Adolf, Zur indogermanischen Augmentbildung. 8°. 42 S. 1877. (Dissert.) M. 1 —

— — siehe auch: VI. Klassische Philologie.

Feist, Dr. S., Grundriss der gotischen Etymologie (Sammlung indogermanischer Wörterbücher, II. Band). 8°. XVI, 167 S. 1888. M. 5 —

Forrer, R., Achmim-Studien I.: Über Steinzeit-Hockergräber zu Achmim, Naqada etc. in Ober-Ägypten und über Parallelfunde. Mit zahlreichen Abbildungen im Text und 4 Tafeln in Lichtdruck. 8°. 57 S. 1901. M. 4 —

Die Schrift ist für Prähistoriker und Sprachforscher besonders deshalb interessant, weil sie mit dem Nachweis schliesst, «des Zusammenhanges der europäisch-neolithischen Hockersitte mit der ägyptisch-neolithischen, mit dem Nachweis der beiderseits gleichartigen Kultur und der beiderseits parallel gehenden Funde, endlich mit dem Nachweis eines Hockervolkes, welches, während ein und derselben Epoche auftauchend, und im Besitze der von den Sprachforschern den Indogermanen zugeschriebenen Stein-Kupferkultur, seine Pioniere ebenso nach Babylonien, Lybien und Indien, wie nach Ägypten und Nordafrika, nach Ungarn, Italien, Spanien und Nordeuropa aussandte.»
Inhaltsverzeichnis siehe: V. Aegyptologie.

Forschungen, Indogermanische. Zeitschrift für indogermanische Sprach- und Altertumskunde herausgegeben von Karl Brugmann und Wilhelm Streitberg, mit dem Beiblatt: Anzeiger für indogermanische Sprach- und Altertumskunde, redigiert von Wilhelm Streitberg.

I. Band, 1891/92. X, 546 S. und IV, 206 S.
II. „ 1892/93. IV, 513 S. und IV, 223 S.
III. „ 1893/94. IV, 527 S., mit einer Tafel und IV, 268 S.
IV. „ 1894 (Festschrift zum 25jähr. Prof.-Jub. Aug. Leskien's). VI, 478 S., mit einer Tafel und einer Karte und IV, 172 S.
V. „ 1895. IV, 459 S. und IV, 288 S.
VI. „ 1896. IV, 390 S. und IV, 232 S.
VII. „ 1896/97. IV, 423 S. und IV, 270 S.
VIII. „ 1898. IV, 350 S. und IV, 370 S.
IX. „ 1898. IV, 402 S. und IV, 212 S.
X. „ 1899. IV, 286 S. und IV, 374 S.
XI. „ 1900. IV, 372 S. und IV, 274 S.
(Bd. XII unter der Presse.)

Preis jedes Bandes broschirt M. 16 —, in Halbfranz geb. M. 18 —

Die Original-Arbeiten erscheinen in den Indogermanischen Forschungen; die kritischen Besprechungen, eine referierende Zeitschriftenschau, eine ausführliche Bibliographie sowie Personalmitteilungen von allgemeinerem Interesse werden als «Anzeiger für indogermanische Sprach- und Altertumskunde» beigegeben.
Die Zeitschrift erscheint in Heften von 5 Bogen 8°. Fünf Hefte bilden einen Band. Der Anzeiger ist besonders paginiert und erscheint in 3 Heften, die zusammen den Umfang von ungefähr 15 Bogen haben; dieses Beiblatt ist nicht einzeln käuflich. Zeitschrift und Anzeiger erhalten am Schluss die erforderlichen Register.

Fortunatow, Philipp F. (Prof. an der Universität Moskau), Vorlesungen über die Lautlehre der altslavischen (altkirchenslavischen) Sprache. Deutsch von Dr. Erich Berneker. 8°. ca. 18 Bogen. (In Vorbereitung.)

Grundriss der indo-arischen Philologie siehe IV. Orientalische Philologie.
Grundriss der iranischen Philologie siehe IV. Orientalische Philologie.

Hirt, Dr. Herman, Der indogermanische Akzent. 8⁰. XXIII, 356 S. 1895. M. 9 —

«Keines jener Bücher, die man durch das Prädikat «abschliessend» zu charakterisieren pflegt . . . Kein Buch, das am Ende einer Entwicklungsreihe steht, das sich damit begnügen darf, die reiche Ernte früherer Forschung unter Dach zu bringen, Alles reinlich zu sortieren, zu klassificieren und zu etikettieren. Vielmehr ein Buch, das am Anfang einer neu erschlossenen Bahn steht, nicht selten unfertig und lückenhaft, aber genug des Schönen bietend, mehr noch verheissend. Gewiss, hätte der Verf. das unvermeidliche Nonum prematur in annum strikte befolgt, so wäre ihm zweifelsohne noch mancher schätzbare Fund geglückt, hätte manche klaffende Lücke ausgefüllt werden können. Aber wir haben alle Ursache, dem Verf. dankbar zu sein, dass er es nicht gethan hat. So wie das Buch ist, darf man von ihm sagen: es ist das rechte Buch zur rechten Zeit. So viel, so unendlich viel auch noch im Einzelnen zu erledigen bleibt, die Forschungen über die Grundfragen sind immerhin so weit gefördert, dass eine zusammenfassende und weiterführende Darstellung dringendes Bedürfnis war, wenn die Erörterungen über Accentfragen auf ein grösseres Publikum rechnen, wenn sie nicht aus Mangel an Verständnis und an Teilnahme wieder ins Stocken geraten sollten. Die letzte Darstellung der indogermanischen Accentuation ist neun Jahre alt; sie findet sich im ersten Band von Brugmann's Grundriss. Will man sich eine Vorstellung davon machen, welchen Zuwachs die Zwischenzeit unserer Erkenntnis gebracht hat, so braucht man nur Hirt's Buch damit zu vergleichen: wie viel Thatsachen, die damals noch nicht erkannt, wie viel Probleme, die damals noch nicht geahnt! Dem Stand der Forschung entspricht aufs Beste die Anlage des Werkes: es ist halb Lehrbuch, halb Untersuchung . . .»

Literar. Centralblatt 1895 Nr. 40.

— — Der indogermanische Ablaut vornehmlich in seinem Verhältnis zur Betonung. 8⁰. VIII, 224 S. 1900. M. 5 50

Wer die Sprachforschung in ihrer Arbeit in den letzten Jahren verfolgt hat, der weiss, dass die Ablautsfrage zu den Problemen gehört, die die Forschung am meisten beschäftigt haben. An Stelle einer gesicherten Erkenntnis, die man vor 20 Jahren zu haben glaubte, ist eine Sturm- und Drangperiode getreten, in der nichts mehr haltbar erscheint. Brugmann forderte daher eine gründliche Sammlung des Materials. Der Verfasser hat es unternommen, dies in ausgedehntem Maasse zu beschaffen, und zunächst die Wirkung der Betonung auf den Ablaut festzustellen, wobei sich zeigte, dass der idg. Ablaut in der That im wesentlichen durch die Betonung hervorgerufen ist. Was noch übrig bleibt, dürfte sich auf einfache Weise durch andere Ursachen erklären, und so hofft der Verfasser, in diesem Buche eine einwandsfreie Erklärung des idg. Vokalsystems und Ablauts geben und die Sturm- und Drangperiode der letzten Jahre abschliessen zu können.

Horn, Paul, Grundriss der neupersischen Etymologie (Sammlung indogermanischer Wörterbücher, IV. Band). 8⁰. XXV, 384 S. 1893. M. 15 —

— — siehe auch: IV. Orientalische Philologie.

Hübschmann, H., Etymologie und Lautlehre der ossetischen Sprache (Sammlung indogermanischer Wörterbücher, I. Band) 8⁰. VIII, 151 S. 1887. M. 4 —

— — Persische Studien. 8⁰. 286 S. 1895. M. 10 —

(Die vorliegende Schrift zerfällt in zwei Teile.) Der erste Teil (bis S. 112) bringt eine stattliche Anzahl von Nachträgen und Verbesserungen zu Horn's Grundriss der neupersischen Etymologie. Dem S. 1 fg. über dieses Buch gefällten durchaus sachlichen Urteile pflichtet Ref. vollkommen bei; trotz gewisser ihr anhaftender Mängel ist Horn's Arbeit von grossem Nutzen und wird anregend wirken. Ja, sie hat dies bereits gethan; denn auf ihr beruht zum grossen Teile die «neupersische Lautlehre», welche die zweite Hälfte (S. 113—268) des Hübschmann'schen Buches füllt. Diese «Lautlehre» ist ausserordentlich reich an Einzelergebnissen, ohne Zweifel wird sie auf lange Zeit hinaus die feste Grundlage für die fernere wissenschaftliche Erforschung der neupersischen Sprache bilden. Es ist von Interesse, Hübschmann's Arbeit mit den Publicationen Darmesteter's zu vergleichen, der (von Horn's Buch abgesehen) wohl am meisten vorgearbeitet haben dürfte. Ueberraschen uns hier oft glänzende Combinationen und geistvolle Einfälle, so erfreut uns doch die sichere Handhabung einer festen wissenschaftlichen Methode. Besonders hervorheben möchte Ref. die ausgiebige Heranziehung der Dialekte, wie Baluci und Afghanisch, und vor Allem die häufige Bezugnahme auf die Form der persischen Lehnwörter in benachbarten Sprachen, wie Syrisch und Armenisch. Die letztere hat dem Verf. sehr interessante Beobachtungen über die Chronologie der einzelnen Lautumgestaltungen (vgl. u. a. S. 154, 179, 191) ermöglicht. Damit hat er (und dies ist vielleicht das Hauptverdienst unseres Buches) die Grundlagen für eine geschichtliche Betrachtung der persischen Sprache und ihrer Entwickelung geschaffen. Selbstverständlich wurde auch die Form der persischen Namen bei griechisch-römischen Autoren in gebührender Weise berücksichtigt. Literarisches Centralblatt 1895 Nr. 23.

— — siehe auch: IV. Orientalische Philologie.

Karst, Dr. Josef, Historische Grammatik des Kilikisch-Armenischen. 8⁰. XXIII, 444 S. mit 2 Tafeln. 1901. M. 15 —

«Der in Kilikien unter der Herrschaft der Rupeniden (11. bis 14. Jahrh.) gesprochene armenische Dialekt ist von Bedeutung für den Philologen als Sprache einer volkstüm-

Karst, Dr. Josef, Historische Grammatik des Kilikisch-Armenischen (Fortsetzung).

lichen Literatur, für den Sprachforscher als Bindeglied zwischen dem Altarmenischen des 5. Jahrh.s und den modernen armenischen Dialekten. Beiden musste eine grammatische Darstellung der Sprache erwünscht sein, und beide haben nun allen Grund, die ausgezeichnete Arbeit Karsts willkommen zu heissen und zu wünschen, dass der Verf., dem die Munificenz des Fürsten Hohenlohe-Langenburg den Druck der Grammatik ermöglicht hat, bald in der Lage sei, auch das im Manuscript fertige mittelarmenische Wörterbuch (S. VIII) zu publicieren. K. hat in seiner Grammatik nicht nur die mittelarmenischen Formen durch die Mitteilung reichlichen und sorgfältig belegten Materiales festgestellt, sondern auch durch Ermittelung der Lautgesetze und Nachweis der nach Analogie erfolgten Veränderungen aus dem Altarmenischen historisch erklärt, wobei er es nie versäumt hat, die modernen Dialekte zur Vergleichung und gegenseitigen Aufhellung heranzuziehen. Hier sowohl wie in dem der Arbeit (ausser dem Anhang: syntaktische Eigentümlichkeiten S. 391—407) beigegebenen Excurs über die Sprache der verschiedenen Recensionen der sogenannten Vardanschen Fabelsammlungen S. 416—444 liegen vielversprechende Anfänge zu einer historischen und vergleichenden Grammatik der mittel- und neuarmenischen Dialekte vor. . . .» Literarisches Centralblatt 1901 Nr. 12.

Keller, Otto, siehe: Bacmeister, Keltische Briefe.

Kluge, Friedrich, Vorgeschichte der altgermanischen Dialekte. Zweite Auflage. Mit einem Anhang: Geschichte der gotischen Sprache. (Sonderabdruck aus der zweiten Auflage von Pauls Grundriss der germanischen Philologie). Lex. 8⁰. XI und S. 323—517 und 10 S. Register. 1898. *M.* 4 50

«Mit Meisterschaft hat Kluge die noch schwerere Aufgabe gelöst, die «Vorgeschichte der altgermanischen Dialekte», d. h. die aus der Sprachvergleichung erschlossene älteste (vorhistorische) Gestalt der germanischen Sprache auf 100 Seiten so darzustellen, dass neben den als sicher zu betrachtenden Ergebnissen der bisherigen Forschung auch noch schwebende Fragen und künftige Aufgaben berührt werden.»
L. Tobler, Litteraturblatt f. germ. u. rom. Philologie 1890, S. 135.

Leiçarraga, I., Baskische Bücher von 1571 (Neues Testament, Kalender und Abc) im genauen Abdruck herausgegeben von Th. Linschmann und H. Schuchardt. Mit Unterstützung der Kais. Akademie der Wissenschaften zu Wien. 16⁰. 87 Bogen. 1900. In Ganzleinwand geb. *M.* 25 —

Die wichtigsten und umfangreichsten baskischen Sprachdenkmäler werden hier zum ersten Male nach wissenschaftlichen Grundsätzen veröffentlicht. Eine ausführliche Einleitung ist beigegeben.

Leskien, A., und **K. Brugmann**, Litauische Volkslieder und Märchen aus dem preussischen und dem russischen Litauen. 8⁰. VIII, 578 S. 1882. *M.* 10 —

Inhalt: 1. Litauische Volkslieder aus der Gegend von Wilkischken, gesammelt von A. Leskien. 2. Litauische Lieder, Märchen, Hochzeitsbittersprüche aus Godlewa nebst Beiträgen zur Grammatik und zum Wortschatz der godlewischen Mundart herausgegeben von K. Brugmann. 3. Litauische Märchen, übersetzt von K. Brugmann, mit Anmerkungen von W. Wollner.

Linschmann, Th. siehe: Leiçarraga, Baskische Bücher.

Meyer, Gustav, Essays und Studien zur Sprachgeschichte und Volkskunde.

I. Band. 8⁰. VIII, 412 S. 1885. broschirt *M.* 7 —, geb. *M.* 8 —

Inhalt: Zur Sprachgeschichte. I. Das indogermanische Urvolk. II. Die etruskische Sprachfrage. III. Ueber Sprache und Literatur der Albanesen. IV. Das heutige Griechisch. V. Constantin Sathas und die Slavenfrage in Griechenland.

Zur vergleichenden Märchenkunde. I. Folklore. II. Märchenforschung und Alterthumswissenschaft. III. Aegyptische Märchen. IV. Arabische Märchen. V. Amor und Psyche. VI. Die Quellen des Decamerone. VII. Südslavische Märchen. VIII. Der Rattenfänger von Hameln. IX. Der Pathe des Todes. X. Rip van Winkle.

Zur Kenntniß des Volksliedes. I. Indische Vierzeilen. II. Neugriechische Volkspoesie. III. Studien über das Schnaderhüpfel. 1. Zur Literatur der Schnaderhüpfel. 2. Vierzeile und mehrstrophiges Lied. 3. Ueber den Natureingang des Schnaderhüpfels. — Anmerkungen.

II. Band. 8⁰. VI, 380 S. 1893. broschirt *M.* 6 —, geb. *M.* 7 —

Inhalt: I. Franz Bopp. — II. Georg Curtius. — III. Weltsprache und Weltsprachen. — IV. Etruskisches aus Aegypten. — V. Die Aussprache des Griechischen. — VI. Von der schlesischen Mundart. — VII. Zur Charakteristik der indischen Literatur. 1. Allgemeine Grundlagen. 2. Der Veda. 3. Kâlidâsa. — VIII. Zigeunerphilologie. — IX. Volkslieder aus Piemont. — X. Neugriechische Hochzeitsbräuche. — XI. Zur Volkskunde der Alpenländer. — XII. Finnische Volksliteratur. — XIII. Das Räuberwesen auf der Balkanhalbinsel. — XIV. Eine Geschichte der byzantinischen Literatur. — XV. Athen im Mittelalter. — XVI. Das heutige Griechenland. — XVII. Griechische Reisemomente. 1. Von Korfu nach Athen. 2. Athen. 3. Im Lande der Peloponnes. — XVIII. Zante. — XIX. Apulische Reisetage. 1. Von Brindisi nach Lecce. 2. Lecce. 3. Kalimera. 4. Tarent. — XX. Bei den Albanesen Italiens. — XXI. Das Jubiläum der Universität in Bologna. — Anmerkungen.

Meyer, Gustav, Essays und Studien zur Sprachgeschichte und Volkskunde (Forts.).

«Es kann gewiss nur willkommen sein, Fragen, die jeden Gebildeten interessiren sollten, von berufener Seite einem weiteren Leserkreis auseinandergesetzt zu sehen. Und gerade die vorliegende Sammlung verbindet in glücklicher Weise wissenschaftliche Strenge mit gemeinfasslicher Darstellung in fesselndem und vornehm elegantem Stile.»
Literarisches Centralblatt.

«Das Ganze zeigt von einer bewundernswürdigen Belesenheit und ist dabei in einer so geistvollen und fesselnden Sprache geschrieben, dass wir überzeugt sind, das neue Buch werde sich bei allen, welche für den in Sprache, Märchen und Liedern sich offenbarenden Charakter eines Volkes Interesse haben, schnell viele Freunde erwerben.»
Deutsche Litteratur-Zeitung.

(Der I. Band ist aus dem Verlag von Robert Oppenheim in Berlin in den meinigen übergegangen.)

— — Etymologisches Wörterbuch der albanesischen Sprache (Sammlung indogermanischer Wörterbücher. III. Band.) 8⁰. XV, 526 S. 1891. ℳ 12 —

Das vorliegende, Miklosich gewidmete Buch reiht sich würdig des Verf.'s früheren Arbeiten über das Albanesische an und ist unter den bis jetzt erschienenen Werken über dieses «Stiefkind unter den indogermanischen Sprachen» unzweifelhaft eines der bedeutendsten, vielleicht das bedeutendste. Es bietet zunächst den Wortschatz in einer bisher nicht erreichten Vollständigkeit und Zuverlässigkeit, indem der Verf., was in den bis jetzt gedruckten Wörterbüchern, Grammatiken und Texten an Sprachmaterial vorlag, zusammengetragen und dieses Material auf seinen Reisen in der Türkei, Griechenland, Süditalien und Sicilien zum Theil controlliert und durch neues vermehrt hat. Seinen etymologischen Deutungen fügt Meyer überall die wünschenswerthen Begründungen und Nachweise hinzu, und man muss die in dem Buche steckende Geistesarbeit um so mehr bewundern, wenn man erwägt, wie dürftig allermeist die Hülfsmittel für die Balkansprachen sind, mit denen der Verf. bei seinen Ursprungsforschungen zu arbeiten hatte.
Literar. Centralblatt 1892 Nr. 1.

— — Die lateinischen Elemente im Albanesischen siehe: Grundriss der roman. Philologie unter VIII. Romanische Philologie.

Müller, F. Max, Ueber die Resultate der Sprachwissenschaft. Vorlesung, gehalten am 23. Mai 1872 an der kais. Universität zu Strassburg. 3. unveränderte Aufl. 8⁰. 32 S. 1872. ℳ — 80

Der Inhalt dieser Antrittsrede ist der Aufmerksamkeit der Fachmänner wohl wert. Sie enthält, dem Zwecke einer Einleitungsvorlesung entsprechend, eine Zusammenfassung der wichtigsten Resultate der vergleichenden Sprachwissenschaft, in dem Lapidarstil, in welchem Max Müller so gut zu schreiben versteht. In all seinen vielfachen Beziehungen wird dieses Thema durchgeführt, nach der Seite der Philologie in Grammatik und Etymologie, in Mythologie und Ethnologie, nach der Seite der Geschichtswissenschaft auf den drei Gebieten der Kultur-, der Rechts- und Religionsgeschichte, endlich in Hinsicht auf die Naturwissenschaften. Literar. Centralblatt.

— — siehe auch: II. Theologie, Religionswissenschaft und Philosophie.

Noreen, Adolf, Abriss der urgermanischen Lautlehre, mit besonderer Rücksicht auf die nordischen Sprachen zum Gebrauch bei akademischen Vorlesungen. Vom Verfasser selbst besorgte Bearbeitung nach dem schwedischen Original. 8⁰. XII, 278 S. 1894. ℳ 5 —

«Schon die schwedische Ausgabe, die vor mehreren Jahren erschienen ist, hat in diesem Blatte warme Anerkennung gefunden. In noch höherem Masse verdient die deutsche Bearbeitung das jener gespendete Lob. Sie ist eine überraschend reichhaltige, übersichtlich angeordnete und fast durchweg zuverlässige Darstellung eines der wichtigsten Kapitel der germanischen Grammatik. Die umfangreichen und sorgfältigen Literaturangaben sind besonders dankenswert: man wird kaum eine Stelle von einiger Bedeutung vermissen. Ausführliche Wortregister erhöhen die Brauchbarkeit. Schon die altisländische Grammatik in Braune's Sammlung und die Geschichte der altnordischen Sprache in Paul's Grundriss, beides Musterleistungen, haben das grosse Talent Noreen's für die Bewältigung spröder Stoffmassen gezeigt. Dieselbe Begabung bewährt sich auch in dem neuen Werke. Es zerfällt in zwei grosse Abschnitte, die Sonanten und Konsonanten überschrieben sind. Jedem dieser Teile geht ein kurzer Ueberblick über den idg. Lautstand voraus, der mit Hülfe des Indischen, des Griechischen und des Lateinischen erschlossen wird. Dann folgen die urgermanischen Lautgesetze. Den Beschluss macht jedesmal ein umfängliches Kapitel, das die Spuren idg. Lautgesetze im Germanischen verfolgt . . . .

Ref. bemerkt noch, dass die urgerm. Lautlehre ein in hohem Grade empfehlenswertes Buch ist, dem ein voller Erfolg im Interesse der germanischen Grammatik lebhaft gewünscht werden muss. . . .» Literarisches Centralblatt 1894. Nr. 35.

— — siehe auch: VII. Germanische Philologie.

Osthoff, Herm., Zur Geschichte des Perfects im Indogermanischen mit besonderer Rücksicht auf Griechisch und Lateinisch. 8⁰. X, 653 S. 1884. ℳ 14 —

Der gedankenreiche Autor hat den Freunden Brugmann und Paul ein Freundesdenkmal gewidmet, das uns den Anteil dieser Trias an dem Umschwunge in der historischen Betrachtungsweise über die Sprache in die Erinnerung ruft . . . . . Auch die vorliegende fördert die so zahlreichen Perfectprobleme, deckt überall neue Gesichtspunkte auf, sucht nach präcisen Formulirungen unklarer Erscheinungen, setzt manchem Dogma die berechtigte Skepsis entgegen und bringt auch nicht zum Wenigsten endgültige Erledigungen von Problemen. Literarisches Centralblatt 1885 Nr. 7.

von Planta, R., Grammatik der oskisch-umbrischen Dialekte.
I. Band: Einleitung und Lautlehre. 8⁰. VIII, 600 S. 1892. ℳ 15 —
II. Band: Formenlehre, Syntax, Sammlung der Inschriften und Glossen, Anhang, Glossar. 8⁰. XX, 765 S. 1897. ℳ 20 —

Nachdem die Sprachwissenschaft die oskisch-umbrischen Dialekte längere Zeit ziemlich abseits hat liegen lassen, herrscht jetzt auf diesem Forschungsgebiet wieder ein erfreulich reges Leben. Fast gleichzeitig sind drei grössere Arbeiten erschienen, die sich mit der Lautgeschichte dieser Mundarten beschäftigen. Davon ist die umfassendste und bedeutendste das uns vorliegende Buch eines jungen Schweizers. Die Einleitung gibt zunächst einen geschichtlichen Ueberblick über die Erforschung der oskisch-umbrischen Mundarten; darauf wird die Stellung der letzteren im Kreis der altitalischen Sprachen und ihr Verhältnis unter sich behandelt; weiter werden die Denkmäler (hauptsächlich Inschriften) aufgezählt und charakterisiert. Im ersten Kapitel der Lautlehre werden die Alphabete der Inschriften und die orthographischen Fragen (Bezeichnung der Consonantendehnung, der Vocallänge etc.) erörtert. Darauf folgt die Darstellung der Lauterscheinungen, die sowohl dem statistisch-descriptiven als auch dem entwickelungsgeschichtlichen Betrachtungsstandpunkt gerecht wird. . . .

Wir behalten uns vor, auf das Werk nach Erscheinen des zweiten Bandes etwas ausführlicher zurückzukommen. Für jetzt sei nur noch bemerkt, dass wir es mit einer auf gründlichstem Studium beruhenden, durchaus soliden und in manchen Beziehungen geradezu musterhaften Arbeit zu thun haben, die als ein die gesammte bisherige Forschung zusammenfassendes Handbuch für jeden, der sich mit den altitalischen Sprachen beschäftigt, unentbehrlich sein wird. Literarisches Centralblatt 1893 Nr. 10.

Sammlung indogermanischer Wörterbücher:

I. *Hübschmann, H.*, Etymologie und Lautlehre der ossetischen Sprache. 8⁰. VIII, 151 S. 1887. ℳ 4 —
II. *Feist, Dr. S.*, Grundriss der gotischen Etymologie. 8⁰. XVI, 167 S. 1888. ℳ 5 —
III. *Meyer, Gustav*, Etymologisches Wörterbuch der albanesischen Sprache. 8⁰. XV, 526 S. 1891. ℳ 12 —
IV. *Horn, Paul*, Grundriss der neupersischen Etymologie. 8⁰. XXV, 386 S. 1893. ℳ 15 —

Schrader, Dr. Otto (Professor an der Universität Jena), Reallexikon der indogermanischen Altertumskunde. Grundzüge einer Kultur- und Völkergeschichte Alteuropas. Lex. 8⁰. XL, 1048 S. 1901.
Geheftet ℳ 27 —, in Halbfranz gebunden ℳ 30 —

«Schraders grosses und verdienstliches Reallexikon, dessen erste Abteilung in dieser Wochenschrift Nr. 23, Sp. 714—717 angezeigt ist, liegt nunmehr abgeschlossen vor und bildet mit seinen bald kurzen, bald umfangreichen Artikeln ein reichhaltiges, wohlgeordnetes Schatzhaus des verschiedenartigsten Wissens über die Urzeit der Indogermanen oder den alteuropäischen Kulturzustand. Nur die langjährige Beschäftigung mit den hier inbetracht kommenden Fragen aus der Geschichte und Sprachkunde, Gesellschaftswissenschaft, Tier-, Pflanzen- und Warenkunde hat den Verf. vor Einseitigkeit bewahrt und ihm ermöglicht, in allen diesen Richtungen zuverlässige, dem jetzigen Stand der Wissenschaft entsprechende Belehrung zu erteilen. Die Irrtümer, in welche diese Forschung durch den gesonderten Betrieb der einzelnen beteiligten Disziplinen und durch die Ueberschätzung der Bedeutung einzelner Thatsachen verfallen war, sind durch die dem Verf. eigene ruhige Beurteilung und sorgfältige Verhörung aller Zeugen zum grossen Teil beseitigt, und doch mussten noch viele Fragen ohne Beantwortung bleiben, wie man bei einem Wissenszweig erwarten darf, der sich mit vorgeschichtlichen Zuständen einer Völkergruppe befasst, die zwar Skelette und Gräberschmuck, in Wasser versunkene Hütten und vor allem ihre in zahlreichen, stark veränderten Tochtersprachen fortlebende Ursprache, aber durchaus keine schriftlichen Denkmäler hinterlassen hat.

Unter den zahlreichen wichtigen Artikeln, welche diese zweite Abteilung des Werkes darbietet, sei nur auf folgende Stichwörter hingewiesen: Name, Pferd, Recht, Schreiben und Lesen (beide Begriffe der Urzeit fremd), Schmuck (nebst Amulet), Segel, Seide, Sippe (nebst dem in der 1. Abteilung stehenden Ehe, mit interessanter Besprechung der sozialen Zustände, wie sie hie und da, z. B. bei Afghanen und Südslaven sich erhalten haben). Der Abschnitt Religion, an den sich auch Opfer,

Schrader, Dr. Otto, Reallexikon der indogermanischen Altertumskunde. (Forts.)

Priester, Tempel anschliessen, ist deshalb besonders lesenswert, weil hier einer der ersten Versuche vorliegt, die Spuren der indogermanischen Urreligion bei den nordeuropäischen, dem Einfluss morgenländischer Priesterreligionen noch nicht ausgesetzten Völkern nachzuweisen. . . .»

Berliner philologische Wochenschrift 1901 Nr. 44. (Justi.)

Schuchardt, Hugo (Professor an der Universität Graz), Romanisches und Keltisches. Gesammelte Aufsätze. 8°. VIII, 408 S. 1886. ℳ 7 50
geb. ℳ 8 50

Inhaltsverzeichniss: I. Pompeï und seine Wandinschriften. — II. Virgil im Mittelalter. — III. Boccaccio. — IV. Die Geschichte von den drei Ringen. — V. Ariost. — VI. Camoens. — VII. Zu Calderons Jubelfeier. — VIII. Goethe und Calderon. — IX. G. G. Belli und die römische Satire. — X. Eine portugiesische Dorfgeschichte. — XI. Lorenzo Stecchetti. — XII. Reim und Rhythmus im Deutschen und Romanischen. — XIII. Liebesmetaphern. — XIV. Das Französische im neuen Deutschen Reich. — XV. Eine Diezstiftung. — XVI. Französisch und Englisch. — XVII. Keltische Briefe. — Anmerkungen.

«Gewährt dem Leser zu gleicher Zeit Genuss, Anregung und Belehrung in einem Maasse, wie wenig andere Bücher: Anregung und Belehrung durch die grosse Fülle gedankenreichen Inhalts, Genuss durch die überaus anmuthig schöne Form, in der dieser Inhalt geboten wird.» Litteraturblatt für germanische und romanische Philologie.

«Das Buch bildet eine werthvolle Bereicherung der Essay-Literatur in wahrhaft klassischer Form der Sprache und beredter, sprachgewaltiger Darstellung.»

Wochenschrift für klassische Philologie.

«Dieses Werk des berühmten Romanisten wird von Anton Schönbach (Ueber Lesen und Bildung, 4. Aufl.) in der kleinen Auswahl des Besten aufgeführt, was die deutsche Litteratur an Prosawerken bietet.»

— — Auf Anlass des Volapüks. 8°. 48 S. 1888. ℳ 1 —

(Diese beiden Werke Schuchardt's sind aus dem Verlag von Robert Oppenheim in Berlin in den meinigen übergegangen.)

— — «Weltsprache und Weltsprachen.» An Gustav Meyer. 8°. 54 S. 1894. ℳ 1 40

— — siehe auch: Leiçarraga, Baskische Bücher.

Siecke, Dr. Ernst (Professor am Lessing-Gymnasium in Berlin), Die Liebesgeschichte des Himmels. Untersuchungen zur indogermanischen Sagenkunde. 8°. 132 S. 1892. ℳ 3 50

Inhalt: I. Orpheus und Eurydice. II. Das Märchen von der weissen und der schwarzen Braut. III. Schwanensage und Verwandtes. IV. Freyr, Freyja und Gerdha. V. Iduna. Skadi. VI. Die Bedeutung der Zahl neun in den Mythen. VII. Das Lied von Tiölswid.

Simonyi, Sigmund (Professor an der Universität Budapest), Die ungarische Sprache. Geschichte und Grammatik. 8°. ca. 30 Bogen.
(In Vorbereitung.)

Solmsen, Felix, Studien zur lateinischen Lautgeschichte. 8°. VIII, 208 S. 1894. ℳ 5 50

«Drei Aufsätze und drei Excurse bilden den Inhalt der Schrift: I. Der Wandel von vĕ- in vŏ- und von vŏ- in vĕ- im Wortanlaut; II. Der Wandel von quĕ- in cŏ; III. Der Schwund des v zwischen Vocalen. Sodann: 1. Weiteres zur Bildung der 2. Sg. Imp. Act. der unthematischen Verba im Lateinischen; 2. Der Plur. Ind. Präs. und das Präteritum des Verbums «wollen» im Westgermanischen; 3. Reste der indogermanischen Flexion von dieus im Lateinischen und Verwandtes. Sach- und Wortregister bilden den Schluss . . .
Die von Sachkenntnis und Methode zeugende Schrift bedeutet einen wesentlichen Fortschritt auf dem vielumstrittenen Gebiet.» Literar. Centralblatt 1895 Nr. 20.

— — Untersuchungen zur griechischen Laut- und Verslehre. 8°. IX, 322 S. 1901. ℳ 8 —

Streitberg, Wilhelm, Die indogermanische Sprachwissenschaft. Ihre Methode, Probleme, Geschichte. (In Vorbereitung.)

Das Werk ist für weitere Kreise berechnet und zugleich als eine Art Vorschule zu Brugmann's Grundriss der vergleichenden Grammatik der indogermanischen Sprachen gedacht. Die Methode und die Aufgaben der indogermanischen Sprachforschung, deren Kenntnis dieser beim Leser voraussetzt, sollen hier in gemeinverständlicher Form dargestellt, erklärt und begründet werden. Das Buch will dazu beitragen, das Verständnis für die Bedeutung der jungen Wissenschaft bei allen auf unseren Gymnasien philologisch Geschulten zu wecken und zu fördern.

Streitberg, Wilhelm, Zur germanischen Sprachgeschichte. 8⁰. VI, 116 S. 1892. *M* 2 50

— — siehe auch: Forschungen, Indogermanische.

Sütterlin, L., Zur Geschichte der Verba denominativa im Altgriechischen. Erster Teil. Die Verba denominativa auf — άω — έω — όω. 8⁰. 128 S. 1891. *M* 3 —

— — siehe auch: VII. Germanische Philologie.

Thumb, Dr. Albert, Handbuch der neugriechischen Volkssprache. Grammatik, Texte und Glossar. 8⁰. XXV, 240 S. mit einer lithogr. Schrifttafel. 1895. Broschirt *M* 6 —, in Leinwand geb. *M* 7 —

«Endlich einmal eine brauchbare Grammatik der neugriechischen Volkssprache, ein Buch, das nicht jenes aus allen möglichen Formen zusammengebraute Kauderwelsch der Zeitungen und Bücher, sondern die in gesetzmässiger Entwicklung entstandene lebendige Sprache der Gegenwart lehrt! Th. hat es verstanden, den wichtigsten Sprachstoff auf sehr knappem Raume mitzuteilen, indem er sich auf die Verzeichnung der Thatsachen mit den unentbehrlichsten Erklärungen beschränkte; die grammatische Abteilung des Handbuchs umfasst nur 124 Seiten; dann folgen gemeinneugriechische und dialektische Texte in Poesie und Prosa (S. 127—194), endlich ein Glossar (S. 195—239). Hundertmal bin ich nach einem praktischen Handbuch der neugriechischen Volkssprache gefragt worden, und stets war ich in Verlegenheit, was ich den Leuten eigentlich nennen sollte; die gleiche Verlegenheit drückte mich jedesmal, wenn ich eine Vorlesung über neugriechische Grammatik hielt und den Zuhörern zur Vereinfachung und Erleichterung des Unterrichts etwas Gedrucktes in die Hand geben wollte. Wer die Not so an eigenster Haut gefühlt hat, wird dem Verfasser für seine schöne Arbeit doppelt dankbar sein und gerne darauf verzichten, ihm einzelne Unebenheiten aufzumutzen. Möchte nun auch eine historische Grammatik des Neugriechischen, die dem byzantinischen Studienkreise noch näher liegen würde, uns bald bescheert werden!»

K. K. (Byzantinische Zeitschrift 1895, S. 220).

— — Die griechische Sprache im Zeitalter des Hellenismus. Beiträge zur Geschichte und Beurteilung der κοινή. 8⁰. VIII, 273 S. 1901. *M* 7 —

«Die interessant und anregend geschriebene Schrift beschäftigt sich mit der griechischen κοινή, ihrer Herkunft und ihren Schicksalen, auf Grund des in neuerer Zeit so gewaltig angewachsenen Materials und der vielfach bahnbrechenden Forschungen von Hatzidakis u. a. Es sind sechs Abschnitte: Begriff und Umfang der κοινή; der Untergang der alten Dialekte; die Reste der alten Dialekte in der κοινή; der Einfluss nichtgriechischer Völker; dialektische Differenzierung der κοινή (Stellung der biblischen Gräcität); Ursprung und Wesen der κοινή. Ref. sieht nirgends Anlass zu principiellem Widerspruch. Die Ursprünge der κοινή werden richtig im attischen Zeitalter gesucht; dass der attische Dialekt die Grundlage bildet und daneben nur noch das Jonische in erheblichem Masse in Betracht kommt, wird (gegen Kretzschmer) sehr gut ausgeführt. . .»

Literarisches Centralblatt 1901 Nr. 24.

Wiedemann, Oskar, Das litauische Präteritum, Ein Beitrag zur Verbalflexion der indogermanischen Sprachen. 8⁰. XV, 230 S. 1891. *M* 6 —

— — Handbuch der litauischen Sprache. Grammatik. Texte. Wörterbuch. 8⁰. XVI, 354 S. 1896. *M* 9 —

Seit langen Jahren schon hat jeder, der Vorlesungen über litauische Sprache zu halten gezwungen ist, den Mangel eines passenden Handbuches aufs Schmerzlichste empfunden. Schleicher's ausgezeichnetes Werk ist aus dem Buchhandel verschwunden und kaum noch erreichbar, Kurschat's Grammatik nicht für Anfänger berechnet. Daher braucht Wiedemann, der verdiente Verfasser der scharfsinnigen Monographie über das litauische Präteritum, nicht den Vorwurf zu fürchten, überflüssige Arbeit gethan zu haben, sondern darf des Dankes bei Lehrer wie Schüler gewiss sein. . . Ein ausführliches Wörterbuch macht den Beschluss, so dass der Band Alles umfasst, was der Anfänger nötig hat. Möge das Werk der litauischen Sprache recht viele neue Freunde werben. Literar. Centralblatt 1897 Nr. 6.

IV. Orientalische Philologie.

·**Bacher, Dr. Wilh.** (Professor an der Landes-Rabbinerschule zu Budapest), Die Agada der Babylonischen Amoräer. Ein Beitrag zur Geschichte der Agada und zur Einleitung in den Babylonischen Talmud. gr. 8°. XVI, 151 S. 1878. ℳ 4 —

Für Alle, welche sich mit der Litteratur- und Culturgeschichte der Juden vom Beginn des dritten nachchristlichen Jahrhunderts bis zum Ende des Alterthums beschäftigen wollen, ist Bachers Schrift ein unentbehrliches Hülfsmittel. Theolog. Litteraturztg. 1879, 3. Man vergleiche auch die Rezension im Literarischen Centralblatt 1879, Nr. 15.

— — Die Agada der Tannaiten.
I. Band: Von Hillel bis Akiba. Von 30 vor bis 135 nach d. g. Z. Zweite Auflage. 8°. ca. 29 Bogen. (Unter der Presse.)
II. Band: Von Akibas Tod bis zum Abschluß der Mischna. (135 bis 220 nach der gewöhnl. Zeitrechn.) 8°. VIII, 578 S. 1889. ℳ 10 —

— — Die Agada der palästinensischen Amoräer.
I. Band: Vom Abschluß der Mischna bis zum Tode Jochanans. (220 bis 279 nach der gew. Zeitrechnung.) Gr. 8°. XVI, 587 S. 1892. ℳ 10 —
II. Band: Die Schüler Jochanans. Gr. 8°. VI, 545 S. 1896. ℳ 10 —
III. Band: Die letzten Amoräer des heiligen Landes. (Vom Anfang des 4. bis zum Anfang des 5. Jahrh.) Gr. 8°. XII, 803 S. 1899. ℳ 12 —

— — Bibelstellenregister zur Agada der Tannaiten und Amoräer. Nebst einem Anhang: Namen-Register zur Agada der babylonischen Amoräer. 8°. VIII, 94 S. 1902. ℳ 3 —

— — Abraham Ibn Esra als Grammatiker. Ein Beitrag zur Geschichte der Hebräischen Sprachwissenschaft. 8°. 192 S. 1882. ℳ 4 —

— — Die Bibelexegese der jüdischen Religionsphilosophen des Mittelalters vor Maimûni. gr. 8°. VIII, 156 S. 1892. ℳ 4 —

— — Varianten zu Abraham Ibn Esra's Pentateuch-Commentar aus dem Cod. Cambridge. Nr. 46. 8°. IV, 108 S. 1894. (In hebr. Sprache.) ℳ 3 —

— — Die Bibelexegese Moses Maimûni's. 8°. XVI, 176 S. 1897. ℳ 4 —

— — Ein hebräisch-persisches Wörterbuch aus dem vierzehnten Jahrhundert (Sonderausgabe aus dem Jahresbericht der Landes-Rabbinerschule zu Budapest für das Schuljahr 1899/1900). 8°. IV, 135 + 76 S. 1900. ℳ 4 —

— — siehe auch: Sa'di's Aphorismen.

Baines, A., Indian Ethnography (Grundriss der indo-arischen Philologie und Altertumskunde II. Band, 5. Heft.) (In Vorbereitung.)

Bartholomae, Chr., Altiranisches Wörterbuch. (Unter der Presse.)

— — Vorgeschichte der iranischen Sprachen. — Awestasprache und Altpersisch. Siehe: Grundriss der iranischen Philologie.

Benfey, Theodor, Vedica und Verwandtes. kl. 8⁰. 177 S. 1877. ℳ 6 —

Inhalt: I. ri bezeichnet in den Veden sowol den kurzen als langen Vokal. II. Rigveda X. 170, = Atharvaveda XVIII. 1,8. III. Nédîyams nédishtha. IV. Ist Rigveda VII. 44,3 ma͜ccator oder ma͜çcator in der Samhitâ zu lesen? V. Ist Rigveda III. 53,19 spandané oder syandané, Rigveda IV. 3,20 àspandamâno oder àsyandamâno zu lesen? VI. Wie kam der Verfasser der 1sten Vârttica zu Pânini VII. 3,87 dazu, eine Wurzel spâç mit langem â anzunehmen? VII. çvanin oder çvani'. VIII. jájhjhhatîs Rigveda. V. 52,6. IX. Ζεὺς Γελέων. X. Karbara oder Karvara gefleckt, scheckig. Indogermanische Bezeichnung der dem Beherrscher der Todten gehörigen Hunde. IX. Wahrung meines Rechtes (betreffend die Entdeckung der ursprünglichen Stelle des Accents im Indogermanischen). Index.

Prof. Th. Benfey has just published, under the title Vedica und Verwandtes a series of papers mainly of a number of very nice and subtle questions of verbal criticism and explanation of different terms in the Vedas and exhibiting fully the authors profound learning and critical acumen. Academy No. 267, Juni 16, 1877.

Bhandarkar, R. G., The Path of Devotion or Bhaktimârga, the Vaisnava, Saiva, Sâkta and Saura Sects. (Grundriss der indo-arischen Philologie und Altertumskunde III. Band, 6. Heft). (In Vorbereitung.)

Bloomfield, M., The Atharvaveda and the Gopatha-Brāhmaṇa (Grundriss der indo-arischen Philologie und Altertumskunde II. Band, Heft 1b). Lex. 8⁰. IV, 128 S. und 8 S. Indices. 1899. ℳ 6 40

Brockelmann, Carl, Das Verhältniss von Ibn-El-Atîrs Kâmil Fit-Ta'rih zu Tabaris Ahbâr Errusul Walmulûk. (Diss.) 8⁰. 58 S. 1890 ℳ 1 80

Das Buch von der Erkenntniss der Wahrheit oder der Ursache aller Ursachen. Aus dem syrischen Grundtext ins Deutsche übersetzt von Karl Kayser, Licentiat der Theologie und Pastor. 8⁰. XXIII, 367 S. 1893. (Nur in 200 Exemplaren gedruckt.) ℳ 15 —

Bühler, Georg, Indische Paläographie von circa 350 a. Chr. — circa 1300 p. Chr. (Grundriss der indo-arischen Philologie und Altertumskunde I. Band 11. Heft). Lex. 8⁰. IV, 96 S. mit 17 lithogr. Tafeln in besonderer Mappe. 1896. ℳ 18 50

«Die indische Paläographie war bis jetzt nicht zusammenhängend bearbeitet . . . . Für eine solche Aufgabe war wohl niemand mehr befähigt als Hofrath B. in Wien . . . . B's. Paläographie kann gewissermassen eine Art Kulturgeschichte genannt werden. Sie ist überaus reich an Belehrung über die verschiedensten Fragen der indischen Altertumskunde. Namentlich ist sie von unschätzbarem Werth als ein Repertorium der an verschiedenen Stellen zerstreuten indischen Inschriften.» Deutsche Litteraturzeitung 1897 Nr. 12.

— — On the Origin of the Indian Brahma Alphabet. Second revised Edition of Indian Studies No. III. Together with two Appendices, on the Origin of the Kharosthi Alphabet and of the so-called Letter-Numerals of the Brahmi. With three plates. Gr. 8⁰. XIII, 124 S. 1898. ℳ 5 —

— — Nekrolog mit Bildnis siehe Jolly, Julius.

Burgess, J., Architecture, Sculpture and Painting in India (Grundriss der indo-arischen Philologie und Altertumskunde III. Band, 11. Heft). (In Vorbereitung.)

Cappeller, Carl (Professor des Sanskrit an der Universität Jena), Sanskrit-Wörterbuch, nach den Petersburger Wörterbüchern bearbeitet. Lex.-8⁰. VIII, 541 S. 1887. Broschirt ℳ 15 —, in Halbfranz geb. ℳ 17 —

(Ankündigung siehe: III. Indogerm. Sprachwissenschaft.)

— — A Sanskrit-English Dictionary. Based upon the St. Petersburg Lexicons. Lex. 8⁰. VIII, 672 S. 1891. Geb. in engl. Leinwand ℳ 21 —

Den ausschliesslichen Vertrieb für England und die Kolonien haben: Luzac & Co. in London, für die Vereinigten Staaten: Ginn & Co. in Boston übernommen.

— — siehe auch: Pracandapândava und Vamanas Stilregeln.

Catalog der Universitäts- und Landesbibliothek in Strassburg s. Katalog.

Clementis Romani Recognitiones Syriace. Edidit Paulus Antonius de Lagarde. Lex.-8°. pp. VIII, 167. 1861. (ℳ 20 –) ℳ 14 —
(Aus dem Verlag von B. G. Teubner in Leipzig in den meinigen übergegangen.)

Ehni, J., Der vedische Mythus des Yama, verglichen mit den analogen Typen der persischen, griechischen und germanischen Mythologie. 8°. VI, 216 S. 1890. ℳ 5 —

Ethé, C. H., Neupersische Litteratur siehe: Grundriss der iranischen Philologie.

Euting, Julius, Sechs phönikische Inschriften aus Idalion. 4°. 17 S. mit 3 Taf. 1875. ℳ 4 —
Abgesehen von der Bereicherung, welche der phönizische Sprachschatz durch die Entzifferung dieser Inschriften erfährt, wird durch dieselben die Geschichte Cyperns im 2. und 3. Jahrhundert v. Chr. wesentlich erhellt. Die darunter befindliche bilinguis (in cyprischer und phönizischer Sprache) dürfte in ihrer ersten genauen Darstellung der cyprischen Schriftzeichen auch für klassische Philologen Interesse darbieten.

— — Erläuterung einer zweiten Opferverordnung aus Carthago. Herrn Prof. Dr. H. J. Fleischer zur Feier seines fünfzigjährigen Doctorjubiläums als Gruss dargebracht. 8°. 10 S. Mit 1 Tafel. 1874. ℳ 1 60
Durch dieses Bruchstück erfährt unsere Kenntnis des phönizischen Cultus und Sprachschatzes manche schätzbare Erweiterung. Literar. Centralblatt.

— — Sammlung der Carthagischen Inschriften, herausgegeben mit Unterstützung der k. Akademie der Wissenschaften zu Berlin. Band I. Tafeln 1—202 und Anhang, Tafel 1—6. In 4°. 1883. ℳ 60 —

— — siehe auch: Katalog; ferner XI. Alsatica, XV. Vermischtes.

Evangelien, Die vier, arabisch aus der Wiener Handschrift herausgeg. von Paul de Lagarde. 8°. XXXII, 143 S. 1864. (ℳ 5 —) ℳ 3 50
(Aus dem Verlag von B. G. Teubner in Leipzig in den meinigen übergegangen.)

Fleet, J. F., Political History of India from the earliest times to the Mahommedan conquest with a chapter on chronology (Grundriss der indo-arischen Philologie und Altertumskunde II. Band, 9. Heft). (In Vorbereitung.)

Franke, O., Paligrammatiker, Paligrammatik (Grundriss der indo-arischen Philologie und Altertumskunde I. Band, 7. Heft). (In Vorbereitung.)

Fürst, Julius (Rabbiner), Glossarium graeco-hebraeum oder der griechische Wörterschatz der jüdischen Midraschwerke. Ein Beitrag zur Kultur- und Altertumskunde. 8°. 216 S. 1891. ℳ 7 —

Garbe, Richard, Samkhya und Yoga (Grundriss der indo-arischen Philologie III. Band, 4. Heft). Lex. 8°. 54 S. und 2 S. Indices. 1896. ℳ 3 20
«Wir spenden der in sehr präciser Form alles Wissenswerthe bietenden Schrift in ihren beiden Theilen die verdiente Anerkennung.» Literar. Centralblatt 1896 Nr. 51.

— — siehe auch: Vaitâna Sûtra.

Geiger, Wilhelm, Litteratur und Sprache der Singhalesen (Grundriss der indo-arischen Philologie I. Band, 10. Heft). Lex. 8°. 97 S. 1900. ℳ 5 —

— — Die Sprache der Afghānen. — Die Sprache der Balūtschen. — Kleinere Dialekte und Dialektgruppen: Pamirdialekte, kaspische und persische Dialekte. — Geographie von Iran. Siehe: Grundriss der iranischen Philologie.

Geldner, Carl F., Studien zum Avesta. 1. Heft. 8°. IX, 181 S. 1882. (Nicht mehr erschienen.) ℳ 5 —

— — Vedische Litteratur (Sruti): Die drei Veden (Grundriss der indo-arischen Philologie II. Band, 1. Heft a). (In Vorbereitung.)

— — Awestalitteratur siehe: Grundriss der iranischen Philologie.

Goldschmidt, Prof. **Siegfr.**, Prâkrtica. 8°. 32 S. 1879. ℳ 1 —

— — siehe auch: Râvanavaha.

Grierson, G. A., The Aryan Vernaculars of Modern India and their Literature (Grundriss der indo-arischen Philologie und Altertumskunde I. Band, 9. Heft). (In Vorbereitung.)

Grundriss der indo-arischen Philologie und Altertumskunde, unter Mitwirkung von *A. Baines*-London, *R. G. Bhandarkar*-Puna, *M. Bloomfield*-Baltimore, *J. Burgess*-Edinburgh, *J. F. Fleet*-London, *O. Franke*-Königsberg, *R. Garbe*-Tübingen, *W. Geiger*-Erlangen. *K. Geldner*-Berlin, *G. A. Grierson*-Calcutta, *A. Hillebrandt*-Breslau, *H. Jacobi*-Bonn, *J. Jolly*-Würzburg, *H. Kern*-Leiden, *E. Kuhn*-München, *E. Leumann*-Strassburg, *B. Liebich*-Breslau, *H. Lüders*-Göttingen, *A. A. Macdonell*-Oxford, *R. Meringer*-Graz, *R. Pischel*-Halle, *E. J. Rapson*-London, *J. S. Speyer*-Groningen, *M. A. Stein*-Calcutta, *G. Thibaut*-Allahabad, *A. Venis*-Benares, Sir *R. West*-London, *M. Winternitz*-Prag, *Th. Zachariae*-Halle. Begründet von Georg Bühler, fortgesetzt von F. Kielhorn.

In diesem Werk soll zum ersten Mal der Versuch gemacht werden, einen Gesamtüberblick über die einzelnen Gebiete der indo-arischen Philologie und Altertumskunde in knapper und systematischer Darstellung zu geben. Die Mehrzahl der Gegenstände wird damit überhaupt zum ersten Mal eine zusammenhängende abgerundete Behandlung erfahren; deshalb darf von dem Werk reicher Gewinn für die Wissenschaft selbst erhofft werden, trotzdem es in erster Linie für Lernende bestimmt ist.

Gegen dreissig Gelehrte aus Deutschland, Oesterreich, England, Holland, Indien und Amerika haben sich vereinigt, um diese Aufgabe zu lösen, wobei ein Teil der Mitarbeiter ihre Beiträge deutsch, die übrigen sie englisch abfassen werden.

Besteht schon in der räumlichen Entfernung vieler Mitarbeiter eine grössere Schwierigkeit als bei anderen ähnlichen Unternehmungen, so schien es auch geboten, die Unzuträglichkeit der meisten Sammelwerke, welche durch den unberechenbaren Ablieferungstermin der einzelnen Beiträge entsteht, dadurch zu vermeiden, dass die einzelnen Abschnitte gleich nach ihrer Ablieferung einzeln gedruckt und ausgegeben werden.

Der Subskriptionspreis des ganzen Werkes beträgt durchschnittlich 65 Pf. pro Druckbogen von 16 Seiten; der Preis der einzelnen Hefte durchschnittlich 80 Pf. pro Druckbogen. Auch für die Tafeln und Karten wird den Subskribenten eine durchschnittliche Ermässigung von 20% auf den Einzelpreis zugesichert. Ueber die Einteilung des Werkes giebt der nachstehende Plan Auskunft.

Plan des Werkes:

NB. Die mit * bezeichneten Hefte sind bereits erschienen.

Band I. Allgemeines und Sprache.

1. *a) Georg Bühler von *Julius Jolly*. Mit einem Bildnis Bühler's in Heliogravüre. Subskr.-Preis ℳ 2.—, Einzelpreis ℳ 2.50.
 b) Geschichte der indo-arischen Philologie und Altertumskunde von *Ernst Kuhn*.
2. Vorgeschichte der indo-arischen Sprachen von *R. Meringer*.
3. a) Die indischen Systeme der Grammatik, Phonetik und Etymologie von *B. Liebich*.
 *b) Die indischen Wörterbücher (Kośa) von *Th. Zachariae*. Subskr.-Preis ℳ 2.—, Einzelpreis ℳ 2.50. Indices dazu 20 ₰.
4. Grammatik der vedischen Dialekte von *A. A. Macdonell* (englisch).
5. Grammatik des klassischen Sanskrit der Grammatiker, der Litteratur und der Inschriften, sowie der Mischdialekte (epischer und nordbuddhistischer) von *H. Lüders*.

*6. Vedische und Sanskrit-Syntax von *J. S. Speyer*. Subskr.-Preis ℳ 4.—, Einzelpreis ℳ 5.—. Indices dazu 25 ₰.

7. Paligrammatiker, Paligrammatik von *O. Franke*.

*8. Grammatik der Prakrit-Sprachen von *R. Pischel*. Mit Indices. Subskr.-Preis ℳ 17.50, Einzelpreis ℳ 21.50.

9. Grammatik und Litteratur des tertiären Prakrits von Indien von *G. A. Grierson* (englisch).

*10. Litteratur und Sprache der Singhalesen von *Wilh. Geiger*. Mit Indices. Subskr.-Preis ℳ 4.—, Einzelpreis ℳ 5.—.

*11. Indische Paläographie (mit 17 Tafeln) von *G. Bühler*. Subskr.-Preis ℳ 15.—, Einzelpreis ℳ 18.50.

Band II. Litteratur und Geschichte.

1. Vedische Litteratur (Sruti).
 a) Die drei Veden von *K. Geldner*.
 *b) The Atharvaveda and the Gopatha-Brāhmaṇa by *M. Bloomfield* (englisch). Subskr.-Preis ℳ 5.—, Einzelpreis ℳ 6.—. Indices dazu 40 ₰.

Grundriss der indo-arischen Philologie etc. (Fortsetzung).

2. Epische Litteratur und Klassische Litteratur (einschliesslich der Poetik und der Metrik) von *H. Jacobi.*
3. Quellen der indischen Geschichte.
   a) Litterarische Werke und Inschriften von *F. Kielhorn* (englisch).
   **b*) Indian Coins (mit 5 Tafeln) by *E. J. Rapson* (englisch). Subskr.-Preis *M* 5.—, Einzelpreis *M* 6.—. Indices dazu 20 *₰*.
4. Geographie von *M. A. Stein.*
5. Ethnographie von *A. Baines* (englisch).
6. Staatsaltertümer } von *J. Jolly* und Sir *R. West* (englisch).
7. Privataltertümer }
*8. Recht und Sitte (einschliesslich der einheimischen Litteratur) von *J. Jolly.* Subskr.-Preis *M* 6.50, Einzelpreis *M* 8.—. Indices dazu 30 *₰*.
9. Politische Geschichte bis zur muhammedanischen Eroberung von *J. F. Fleet* (englisch).

Band III. Religion, weltliche Wissenschaften und Kunst.

1. **a*) Vedic Mythology by *A. A. Macdonell* (englisch). Subskr.-Preis *M* 7.50, Einzelpreis *M* 9.—. Indices dazu 70 *₰*.
   b) Epische Mythologie von *M. Winternitz.*
*2. Ritual-Litteratur, Vedische Opfer und Zauber von *A. Hillebrandt.* Subskr.-Preis *M* 8.—, Einzelpreis *M* 9.50.
3. Vedanta und Mimamsa von *G. Thibaut.*
*4. Samkhya und Yoga von *R. Garbe.* Subskr.-Preis *M* 2.50, Einzelpreis *M* 3.—. Indices dazu 20 *₰*.
5. Nyaya und Vaisesika von *A. Venis* (englisch).
6. Vaisnavas, Saivas, Sauras, Gaṇapatas, Skāndas, Saktas von *R. G. Bhandarkar* (englisch).
7. Jaina von *E. Leumann.*
*8. Manual of Indian Buddhism by *H. Kern* (englisch). Subskr.-Preis *M* 5.50, Einzelpreis *M* 7.—. Indices dazu 60 *₰*.
*9. Astronomie, Astrologie und Mathematik von *G. Thibaut.* Subskr.-Preis *M* 3.50, Einzelpreis *M* 4.—.
*10. Medizin von *J. Jolly.* Mit Indices. Subskr.-Preis *M* 6.—, Einzelpreis *M* 7.—.
11. Bildende Kunst (mit Illustrationen) von *J. Burgess* (englisch).
12. Musik.

Grundriss der iranischen Philologie, unter Mitwirkung von *Chr. Bartholomae, C. H. Ethé, K. F. Geldner, P. Horn, A. V. W. Jackson, F. Justi, W. Miller, Th. Nöldeke, C. Salemann, A. Socin. F. H. Weissbach* und *E. W. West*, herausgegeben von Wilh. Geiger und Ernst Kuhn.

I. Band 1. Abteilung. Lex. 8⁰. VIII, 332 S. 1901. *M* 17.—.
I. „ 2. „ Lex. 8⁰. VI, 535 S. 1901. *M* 27.—.
II. „ 1. bis 4. Lieferung à *M* 8.—. Schlusslieferung unter der Presse.

Inhalt:

I. Band.

Abschnitt I. Sprachgeschichte.

1. Abt.
1. Vorgeschichte der iran. Sprachen Prof. Dr. *Chr. Bartholomae.*
2. Awestasprache und Altpersisch Prof. Dr. *Chr. Bartholomae.*
3. Mittelpersisch Akademiker Dr. *C. Salemann.*

2. Abt.
4. Neupersische Schriftsprache Prof. Dr. *P. Horn.*
5. Die übrigen modernen Sprachen und Dialekte.
   A. Afɣānisch } Prof. Dr. *W. Geiger.*
   B. Balūčī }
   C. Kurdisch Prof. Dr. *A. Socin.*
   D. Kleinere Dialekte und Dialektgruppen a) Allgemeines, b) Pamirdialekte, c) Kaspische Dialekte (Māzandarānī, etc.), d) Dialekte in Persien. Prof. Dr. *W. Geiger.*

Grundriss der iranischen Philologie (Fortsetzung).

II. Band.

Abschnitt II. Litteratur.

1. Awestalitteratur Prof. Dr. *K. F. Geldner*.
2. Die altpersischen Inschriften Dr. *F. H. Weissbach*.
3. Die Pahlavilitteratur Dr. *E. W. West*. Mit einem Anhang über die neupersische Litteratur der Parsi.
4. Das iran. Nationalepos Prof. Dr. *Th. Nöldeke*.
5. Neupersische Litteratur Prof. Dr. *C. H. Ethé*.

Abschnitt III. Geschichte und Kultur.

1. Geographie von Iran Prof. Dr. *W. Geiger*.
2. Geschichte Irans von den ältesten Zeiten bis zum Ausgang der Sāsāniden Prof. Dr. *F. Justi*.
3. Geschichte Irans in islamitischer Zeit Prof. Dr. *P. Horn*.
4. Nachweisung einer Auswahl von Karten für die geographischen und geschichtlichen Teile des Grundrisses. Von *F. Justi*.
5. Die iranische Religion Prof. Dr. *A. V. W. Jackson*.

Geschichte der iranischen Philologie. Prof. Dr. *E. Kuhn*.

Anhang: Die ossetische Sprache Dr. *W. Miller*.

Heer, F. Justus, Die historischen und geographischen Quellen in Jāqūt's geographischem Wörterbuch. 8°. IV, 112 S. 1898. ℳ 3 —

Hillebrandt, Alfred, [Indische] Ritual-Litteratur. Vedische Opfer und Zauber (Grundriss der indo-arischen Philologie III. Band, 2. Heft). Lex.-8°. 189 S. 1897. ℳ 9 50

Holtzmann, Adolf, Agni nach den Vorstellungen des Mahâbhârata. 8°. 36 S. 1878. ℳ 1 —

— — Arjuna. Ein Beitrag zur Reconstruction des Mahâbhârata. 8°. 69 S. 1879. ℳ 1 60

Horn, Paul, Die Denkwürdigkeiten Schâh Tamasp's des Ersten von Persien (1515—1576). Aus dem Originaltext zum ersten Male übersetzt und mit Erläuterungen versehen. kl. 8°. 156 S. 1891. ℳ 3 —

— — Grundriss der neupersischen Etymologie (Sammlung indogermanischer Wörterbücher, IV. Band). 8°. XXV, 384 S. 1893. ℳ 15 —

— — Zahlen im Schâhnâme. (Sonderabdruck aus der Strassburger Festschrift zur 46. Versammlung deutscher Philologen und Schulmänner herausgegeben von der Philosophischen Fakultät der Kaiser-Wilhelms-Universität). Lex. 8°. 18 S. 1901. ℳ —.80.

— — Geschichte der neupersischen Schriftsprache. — Geschichte Irans in islamitischer Zeit. Siehe: Grundriss der iranischen Philologie.

Hübschmann, H., Persische Studien. 8°. 288 S. 1895. ℳ 10 —
Inhalt: 1. Beiträge zu Horn's Grundriss der neupersischen Etymologie. 2. Neupersische Lautlehre.

— — Etymologie und Lautlehre der ossetischen Sprache. (Sammlung indogerm. Wörterbücher, I. Band.) 8°. VIII, 151 S. 1887. ℳ 4 —

— — Armeniaca. (Sonderabdruck aus der Strassburger Festschrift zur 46. Versammlung deutscher Philologen und Schulmänner herausgegeben von der philosophischen Fakultät der Kaiser-Wilhelms-Universität). Lex 8°. 12 S. 1901. ℳ —.50.

Huth, Dr. Georg, Die tibetische Version der Naihsargikaprâyaçcittikadharmâs. Buddhistische Sühnregeln aus dem Pratimokshasûtram. Mit kritischen Anmerkungen herausgegeben, übersetzt und mit der Pâli- und einer chinesischen Fassung, sowie mit dem Suttavibhanga verglichen. (Diss.) 8°. 51 S. 1891. ℳ 2 —

Huth, Dr. Georg, Geschichte des Buddhismus in der Mongolei. Aus dem Tibetischen des Jigs-med nam-mk'a, herausgegeben, übersetzt und erläutert.

I. Teil: Vorrede, Text, kritische Anmerkungen. gr. 8°. X, 296 S. 1892. ℳ 20 —

II. Teil: Uebersetzung. Nachträge zum ersten Teil. gr. 8°. XXXII, 456 S. 1896. ℳ 30 —

Jackson, A. V. W., Die iranische Religion siehe: Grundriss der iranischen Philologie.

Jacobi, H., Epische Litteratur Indiens. — Klassische Litteratur Indiens einschliesslich der Poetik und der Metrik (Grundriss der indo-arischen Philologie und Altertumskunde II. Band, 2. Heft a und b). (In Vorbereitung.)

Jensen, P., Hittiter und Armenier. Mit 10 lithographischen Schrifttafeln und einer Übersichtskarte. Gr. 8°. XXVI, 255 S. 1898. ℳ 25 —

Inhalt: I. Das Volk und das Land der Hatio-Hayk. — II. Die hatisch-armenischen Inschriften. A) Liste der bekannten Inschriften. B) Transskriptions- und Übersetzungsversuche. — III. Das hatisch-armenische Schriftsystem. A) Die Schriftzeichen und ihre Verwendung. Mit einem Anhang. B) Das ägyptische Vorbild des hatischen Schriftsystems. C) Palaeo-armenischer Ursprung der hatischen Schrift. — IV. Die Sprache der Hatier und das Armenische. A) Grammatisches. B) Lexikalisches. C) Der Lautbestand der hatischen Sprache im Verhältnis zu dem des Indogermanischen und des Armenischen. — V. Zur hatisch-armenischen Religion. A) Hatische Götterzeichen. B) Hatische Götternamen. C) Hatische Götter. D) Einfluss des syrischen Cultus auf den der Hatier. E) Die Religion der Hatier und die der Armenier. — VI. Zur hatisch-armenischen Geschichte. — Nachträge. Verzeichnisse.

Jolly, Julius, Recht und Sitte [in Indien] einschliesslich der einheimischen Litteratur (Grundriss der indo-arischen Philologie und Altertumskunde II. Band, 8. Heft). Lex.-8°. 160 S. und 6 S. Indices. 1896. ℳ 8 30

«Der Verfasser bietet uns das zu einer Uebersicht über die gesammte indische Rechts- und Sittengeschichte verarbeitete reife Erträgniss seiner eigenen wie der Mitforscher Untersuchungen in einer bis dahin unerreichten Vollständigkeit. Nach Massgabe von Jolly's bisherigen Beiträgen zur Theorie und Geschichte des indischen Rechts durfte man Bedeutendes erwarten. Dennoch ist man überrascht zu sehen, mit wie grosser Selbständigkeit und Sicherheit im Urtheil die ganze weitschichtige Materie ... zur Darstellung gebracht wird.» Literar. Centralblatt 1896 Nr. 36.

— — Georg Bühler. Mit einem Bildnis Bühler's in Heliogravüre (Grundriss der indo-arischen Philologie und Altertumskunde I. Band, 1. Heft A). Lex.-8°. 23 S. 1899. ℳ 2 50

— — Medizin [in Indien] (Grundriss der indo-arischen Philologie und Altertumskunde III. Band, 10. Heft). Lex.-8°. IV, 140 S. 1901. ℳ 7 —

Jolly, J., and **Sir R. West**, Sociology, clans, castes, constitution of villages and towns, forms of government and administration. — Economics, tenures, commerce and banking, handicrafts (Grundriss der indo-arischen Philologie und Altertumskunde II. Band, 6. und 7. Heft). (In Vorbereitung.)

Justi, F., Geschichte Irans von den ältesten Zeiten bis zum Ausgang der Sāsāniden siehe: Grundriss der iranischen Philologie.

Karst, Dr. Josef, Historische Grammatik des Kilikisch-Armenischen. 8°. XXIII, 444 S. mit 2 Tafeln. 1901. ℳ 15 —

Katalog der kaiserlichen Universitäts- und Landesbibliothek in Strassburg. Arabische Literatur. [Verfasst von Dr. Julius Euting.] 4°. VIII, 111 S. 1877. ℳ 7 50

Festschrift zur 400jähr. Jubelfeier der Eberhard-Karls-Universität zu Tübingen.

Katalog der kaiserlichen Universitäts- und Landesbibliothek in Strassburg. Orientalische Handschriften. Theil I: Hebräische, arabische, persische und türkische Handschriften, bearbeitet von Dr. S. Landauer. 4°. IV, 75 S. 1881. ℳ 5 —

Kautzsch, E., und **A. Socin**, Die Aechtheit der moabitischen Alterthümer, geprüft. Mit 2 Tafeln. 8°. VIII, 191 S. 1876. M. 4 —

Nach dem fast einstimmigen Urteil aller Kritiker und Sachverständigen (Nöldeke, Deutsche Rundschau, März 1876; Sprenger, Academy, March 11, 1876; Ch. Clermont-Ganneau, Revue critique 11 mars 1875; Jenaer Literaturzeitung Nr. 15, 1876 etc. etc.) ist es den beiden Verfassern gelungen, den Beweis zu liefern, dass die in Berlin befindlichen moabitischen Altertümer moderne Fälschungen sind. Jedenfalls bildet das Buch den wichtigsten aller bisher erschienenen Beiträge zur Lösung dieser Streitfrage und besitzt bleibenden Wert durch die darin befindlichen eingehenden Untersuchungen über alttestamentliche Geschichte, Religion und Archäologie.

Kayser, Karl, siehe: **Buch von der Erkenntniss der Wahrheit.**

Kern, H., Manual of Indian Buddhism (Grundriss der indo-arischen Philologie und Altertumskunde III. Band, 8. Heft). Lex. 8°. 138 S. und 12 S. Indices. 1896. M. 7 60

.... «Es ist Kern gelungen, seine Aufgabe mit grossem Geschick zu lösen. Den gerade in der buddhistischen Forschung der Neuzeit sich anmeldenden schädlichen Folgen der Isolierung durch eine die verschiedenen Arbeiten einander näher bringende Thätigkeit entgegenzuwirken, ist ein grosses Verdienst des vorliegenden Manual, das darum, im Rahmen des «Grundrisses» auch so angesehen, seine volle Existenzberechtigung hat.
Literar. Centralblatt 1897 Nr. 2.

Kielhorn, F., The Sources of Indian History: Literature and Inscriptions (Grundriss der indo-arischen Philologie und Altertumskunde II. Band, 3. Heft a). (In Vorbereitung.)

Kuhn, Ernst, Geschichte der indo-arischen Philologie und Altertumskunde (Grundriss der indo-arischen Philologie und Altertumskunde I. Band, 1. Heft). (In Vorbereitung.)

— — Geschichte der iranischen Philologie siehe: **Grundriss der iranischen Philologie.**

Lagarde, Paul de, siehe: **Clementis Romani Recognitiones Syriace.** — **Evangelien, die vier.** — Ferner unter VI. Klass. Philologie, Neulatein: **Scaligeri Poemata.**

Landauer, Dr. S., siehe: **Katalog der K. Univ.- u. Landesbibliothek in Strassburg: Orientalische Handschriften.**

Leumann, E., Jaina (Grundriss der indo-arischen Philologie und Altertumskunde III. Band, 7. Heft). (In Vorbereitung.)

— — Übersicht über die Avashyaka-Literatur mit Excerpten aus der Silanka-Handschrift und einer photographischen Reproduktion derselben sowie mit einer Pratika-Liste zum Viseshavasyakabhashya. Gross-Folio. Etwa 12 Bogen Text und 35 Tafeln in Lichtdruck. (Unter der Presse.)

Liebich, B., Die indischen Systeme der Grammatik, Phonetik und Etymologie (Grundriss der indo-arischen Philologie und Altertumskunde I. Band, 3. Heft a). (In Vorbereitung.)

Lüders, H., Grammatik des klassischen Sanskrit der Grammatiker, der Litteratur und der Inschriften, sowie der Mischdialekte (epischer und nordbuddhistischer). (Grundriss der indo-arischen Philologie und Altertumskunde I. Band, 5. Heft.) (In Vorbereitung.)

Macdonell, A. A., Vedic Mythology (Grundriss der indo-arischen Philologie und Altertumskunde III. Band, 1. Heft a). Lex. 8°. 177 S. und 14 S. Indices. 1897. M. 9 70

— — The Grammar of the Vedic Dialects (Grundriss der indo-arischen Philologie und Altertumskunde I. Band, 4. Heft). (In Vorbereitung.)

Meringer, R., Vorgeschichte der indo-arischen Sprachen (Grundriss der indo-arischen Philologie und Altertumskunde I. Band, 2. Heft. (In Vorbereitung.)

Miller, W., Die ossetische Sprache siehe: **Grundriss der iranischen Philologie.**

Nöldeke, Theodor, Das iranische Nationalepos. Besonderer Abdruck aus dem Grundriss der iranischen Philologie. 8°. 82 S. 1896. ℳ 4 50

Das neue vorliegende Heft des iranischen Grundrisses (vgl. lauf. Jahrg. Nr. 12, Sp. 425 d. Bl.) bringt zunächst den Abschluss der meisterhaften Studie von Nöldeke über das Schahname. Wer es beim Lesen des ersten, im ersten Hefte des zweiten Bandes enthaltenen Theiles noch nicht gemerkt hat, der wird jetzt zugeben müssen, dass in Zukunft eine wissenschaftliche Beschäftigung mit der epischen Dichtung im Allgemeinen oder mit der älteren Epik eines Einzelvolkes nicht möglich ist, wenn man nicht diese Darstellung des iranischen Nationalepos gründlich durchgearbeitet und sich zu eigen gemacht hat. Sie stellt sich würdig neben die ebenfalls tief eindringenden und neue Ziele erschliessenden Untersuchungen Comparetti's über das finnische Nationalepos. Schon was Nöldeke selbst an Parallelen aus dem altgriechischen, altgermanischen und anderen volksthümlichen Epen anführt, wird jedem classischen und germanischen Philologen sehr erwünscht und anregend sein. Literar. Centralblatt 1896 Nr. 43.

— — Über einige Edessenische Märtyrerakten. (Sonderabdruck aus der Strassburger Festschrift zur 46. Versammlung deutscher Philologen und Schulmänner herausgegeben von der Philosophischen Fakultät der Kaiser-Wilhelms-Universität.) Lex. 8°. 10 S. 1901. ℳ — 50

Pfungst, Dr. Arthur, Das Sutta Nipâta siehe: Sutta Nipâta.

Pischel, R., Grammatik der Prakrit-Sprachen (Grundriss der indo-arischen Philologie und Altertumskunde I. Band, 8. Heft). Mit Indices. Lex. 8°. 430 S. 1900. ℳ 21 50

«. . . R. Pischel, dessen Prakritstudien bis in den Anfang seiner wissenschaftlichen Laufbahn zurückreichen, hat in dieser Prakrit-Grammatik ein monumentales Werk geschaffen, das in der Fülle des mit Bienenfleiss gesammelten und mit echt philologischer Akribie verarbeiteten Materials in der gesamten grammatischen Literatur seines gleichen sucht. Seinem wissenschaftlichen Charakter entsprechend, nimmt er in den zahlreichen grossen und kleinen Fragen überall seinen Standpunkt mit entschlossener Kritik ein. Die Fülle des Stoffes nötigte ihn zu knappem Ausdruck, die Polemik ist möglichst zurückgedrängt. Es gab schon manche treffliche Vorarbeiten, grammatische und lexikalische, denen ihre Bedeutung gewahrt bleibt, aber P. hat alle Quellen selbst für seine Zwecke durchgearbeitet . . . Diese Grammatik wird auf Jahrzehnte hinaus eine Fundgrube und Grundlage für weitere grammatische Forschungen auf dem Gebiete der indischen Sprachgeschichte sein.» Literarisches Centralblatt 1901 Nr. 12.

Pracandapândava. Ein Drama des Râjaçekhara. Zum ersten Male herausgegeben von Carl Cappeller. 8°. 50 S. 1885. ℳ 3 50

Rapson, E. J., Indian Coins [with 5 plates]. (Grundriss der indo-arischen Philologie und Altertumskunde II. Band, Heft 3 b.) Lex. 8°. 52 S. und 4 S. Indices. 1898. ℳ 6 20

Râvanavaha oder Setubandha. Prâkrit und Deutsch herausgegeben von Siegfried Goldschmidt. Mit einem Wortindex von Paul Goldschmidt und dem Herausgeber. Erste Lieferung. Text und Wortindex enthaltend. 4°. XXIV, 194 S. 1880. — Zweite Lieferung: Übersetzung. 4°. 136 S. 1884. (ℳ 43 —)

Sabbâg, Mihâ'îl, Grammatik der arabischen Umgangssprache in Syrien und Aegypten. Nach der Münchner Handschrift herausgegeben von H. Thorbecke. 8°. X, 80 S. 1886. ℳ 4 —

Sa'dî's, Muslicheddîn, Aphorismen und Sinngedichte. Zum ersten Male herausgegeben und übersetzt von Dr. W. Bacher. Mit Beiträgen zur Biographie Sa'dî's. Mit Subvention des Autors durch die Kaiserl. Akademie der Wissenschaften in Wien. 8°. LXXIV, 200 S. 1879. ℳ 6 —

Der Verfasser bietet im vorstehenden Werke den Freunden persischer Literatur zum ersten Male in deutscher (metrischer) Bearbeitung die Aphorismen Sa'dî's. Der Uebersetzung parallel läuft der Urtext, der, sehen wir von der Calcuttaer und Cawnporer Ausgabe der Gesammtwerke des Dichters ab, jetzt zum ersten Male aus einer europ. Officin hervorgeht. In der vorangeschickten Biographie erhalten wir in anziehender Schilderung ein farbenreiches Bild von dem wechselvollen Leben dieses Hauptvertreters der didaktischen Poesie der Perser. Literar. Centralbl. 1879 Nr. 45.

Salemann, C., Mittelpersisch. Siehe: Grundriss der iranischen Philologie.

Scherman, Dr. **Lucian,** Philosophische Hymnen aus der Rig- und Atharva-Veda-Sanhitâ verglichen mit den Philosophemen der älteren Upanishad's. 8°. VII, 96 S. 1887. ℳ 2 50

Seybold, Chr., Die arabische Sprache in den romanischen Ländern. Siehe: Grundriss der romanischen Philologie unter VIII. Roman. Philologie.

Silanka siehe: Leumann, E.

Socin, A., Die kurdische Sprache siehe: Grundriss der iranischen Philologie.

— — siehe auch: Kautzsch u. Socin.

Speyer, J. S., Vedische und Sanskrit-Syntax (Grundriss der indo-arischen Philologie und Altertumskunde I. Band, 6. Heft). Lex. 8°. 96 S. und 5 S. Indices. 1896. ℳ 5 25

Stackelberg, Reinh., Beiträge zur Syntax des Ossetischen. 8°. V, 99 S. 1886. ℳ 3 —

Stein, M. A., Indische Geographie (Grundriss der indo-arischen Philologie und Altertumskunde II. Band, 4. Heft.) (In Vorbereitung.)

Sutta Nipâta, Das. Eine Sammlung von Gesprächen, welche zu den kanonischen Büchern der Buddhisten gehört. Aus der englischen Uebersetzung von Prof. V. Fausböll in Kopenhagen. (Sacred books of the East, vol. X.) Ins Deutsche übertragen von Dr. Arthur Pfungst. 1. Lief. 8°. X, 80 S. 1889. ℳ 1 50

Thibaut, G., Astronomie, Astrologie und Mathematik in Indien (Grundriss der indo-arischen Philologie und Altertumskunde III. Band, 9. Heft). Lex. 8°. IV, 82 S. 1899. ℳ 4 —

— — Vedanta und Mimamsa (Grundriss der indo-arischen Philologie und Altertumskunde III. Band, 3. Heft). (In Vorbereitung.)

Thorbecke siehe: Sabbâg, Arab. Grammatik.

Vaitâna Sûtra, Das Ritual des Atharvaveda. Aus dem Sanskrit übersetzt und mit Anmerkungen versehen von Dr. Rich. Garbe. 8°. V, 116 S. 1878. ℳ 4 —

Vamanas Stilregeln, bearbeitet von Carl Cappeller. Lex. 8°. XII, 38 S. 1880. ℳ 1 50

Venis, A., Nyâya and Vaiseshika (Grundriss der indo-arischen Philologie und Altertumskunde III. Band, 5. Heft). (In Vorbereitung.)

Weissbach, F. H., Die altpersischen Inschriften siehe: Grundriss der iranischen Philologie.

West, E. W., Pahlavi-Literature siehe: Grundriss der iranischen Philologie.

West, Sir R., siehe: Jolly und West.

Winternitz, M., Epische Mythologie Indiens (Grundriss der indo-arischen Philologie und Altertumskunde III. Band, 1. Heft b). (In Vorbereitung.)

Zachariae, Theodor, Die indischen Wörterbücher (Kośa) (Grundriss der indo-arischen Philologie und Altertumskunde I. Band, 3. Heft b). Lex. 8°. IV, 40 S. und 4 S. Indices. 1897. ℳ 2 70

V. Aegyptologie.

Dümichen, Prof. Dr. **Johannes**, Baugeschichte des Denderatempels und Beschreibung der einzelnen Teile des Bauwerks nach den an seinen Mauern befindlichen Inschriften. kl. fol. 50 S. und 57 Tafeln Inschriften nebst 2 Plänen. 1877. ℳ 60 —

Der Herausgeber des vorstehenden Werkes, einer der fruchtbarsten und thätigsten Aegyptologen in der Veröffentlichung unbekannter und wichtiger Inschriften des ägyptischen Altertums, hat sich durch diese neue Publikation wiederum ein besonderes Verdienst um die von ihm mit Liebe und Eifer gepflegte Wissenschaft erworben. Den Kern der Arbeit, um welchen sich eine erschöpfende Anzahl teils bekannter, teils unbekannter Texte als erklärende oder analoge Beispiele gruppieren, bilden die von dem Herausgeber auf seiner letzten ägyptischen Reise mit grossen Mühen und Kosten freigelegten unteren Ränder der Aussenwände des hochberühmten Tempels von Dendera (Tentyra der Alten), welche eine vollständig erhaltene Bauurkunde unter Angabe der Maasse aller Säle, Zimmer, Treppen etc. des Tempels enthalten.
Prof. Brugsch in den Göttinger gel. Anzeigen vom 28. März 1877.

— — Die Oasen der libyschen Wüste. Ihre alten Namen und ihre Lage, ihre vorzüglichsten Erzeugnisse und die in ihren Tempeln verehrten Gottheiten, nach den Berichten der ägyptischen Denkmäler. Mit 19 Tafeln hieroglyphischer Inschriften und bildlicher Darstellungen in Autographie des Verfassers. 4°. VI, 34 S. 1878. ℳ 15 —

Der Verfasser giebt die Lösung eines schwierigen geographischen Rätsels, die ihm vollständig gelungen ist. Alle späteren Arbeiten über die Geschichte und alte Geographie der Oasen werden an D.'s wichtige Arbeit und die in ihr niedergelegten Resultate anzuknüpfen haben. G. Ebers im Liter. Centralblatt 1877 Nr. 20.

— — Ueber die Tempel und Gräber im alten Ägypten und ihre Bildwerke und Inschriften. Vorlesung, gehalten am 19. November 1872 in der kaiserl. Universität zu Strassburg. 8°. 32 S. 1872. ℳ — 60

M. Dümichen résume fort nettement pour l'instruction du public une foule d'idées courantes dans la science. Revue critique.

— — Zur Erinnerung an Richard Lepsius. 8°. 23 S. 1884. ℳ 1 —

Faselius, Aug., Altägyptische Kalenderstudien. gr. 8°. IV, 82 S. 1873. ℳ 2 40

Forrer, R., Achmim-Studien I.: Über Steinzeit-Hockergräber zu Achmim, Naqada etc. in Ober-Aegypten und über europäische Parallelfunde. Mit zahlreichen Abbildungen im Text und 4 Tafeln in Lichtdruck. 8°. 57 S. 1901. ℳ 4 —

Inhalt: Einleitung. — Die Gräberfelder von Naqada, Ballas, El Kab, Deshasheh, El Achmim und die Berliner Hockermumien. — Ueber ägyptische und europäische Hockerbestattung. — Die Totenbeigaben der ägyptischen Hocker und ihre europäischen Parallelen. — Ueber Auftreten, Kultur und Verschwinden des Hockervolkes. — Verzeichnis der hier erwähnten Fundorte von Hockergräbern.

Lauth, Prof. Dr. **Jos.**, Ägyptische Chronologie, basiert auf die vollständige Reihe der Epochen seit Bytes-Menes bis Hadrian-Antonin durch 3 volle Sothisperioden = 4380 Jahre. Autographiert. 8°. VI, 240 S., 5 Tafeln. 1877. ℳ 10 —

— — Moses-Hosarsyphos Sali' Hus Levites-A'Haron frater Ziphorah-Dabariah conjux Miriam-Bellet soror Elisheba-Elizebat fratria. Ex monumento inferioris Aegypti per ipsum Mose abhinc annos MMMCD dedicato nunc primum in lucem produxit Franc. Jos. Lauth. Cum duabus tabulis et uno photogrammate. 4°. lithogr. 248 S. 1879. ℳ 25 —

Schwally, Friedrich, Zur ältesten Baugeschichte der Moschee des ʿAmr in Alt-Kairo. (Sonderabdruck aus der Strassburger Festschrift zur 46. Versammlung deutscher Philologen und Schulmänner herausgegeben von der Philosophischen Fakultät der Kaiser-Wilhelms-Universität.) Lex. 8°. 8 S. 1901. ℳ — 50

Spiegelberg, Wilhelm (Privatdozent der Ägyptologie an der Universität Strassburg), Rechnungen aus der Zeit Setis I. (ca. 1350 v. Chr.) mit anderen Rechnungen des neuen Reiches herausgegeben und erklärt. 2 Bände folio. 1896. ℳ 70 —

Inhalt des Textbandes (VIII, 100 S.) I. Geschichte der Papyri Rollin. II. Aeussere Beschaffenheit der Handschriften. III. Datierung und Lokalisierung der Handschriften. IV. Zur Palaeographie der Papyri Rollin. V. Charakter und Inhalt der Rechnungen. VI. Uebersetzung der Rechnungen. VII. Kommentar. VIII. Anhang, enthaltend eine chronologisch geordnete Liste von Namen ägyptischer Kriegs- und Handelsschiffe und einen Warentarif der erwähnten Epoche der ägyptischen Geschichte. Eine Studie über das Wertverhältnis von Gold, Silber und Kupfer, in welcher insbesondere die allmähliche Entwertung des Silbers im Pharaonenreich ziffernmässig nachgewiesen ist, bildet den Schluss der Arbeit.

Der Tafelband (mit 43 Tafeln) enthält die bearbeiteten Papyri in Autographie und Lichtdruck nebst einer hieroglyphischen Umschrift der sämtlichen Texte.

«Dass die von Hrn. Pleyte schon 1868 sehr unvollkommen herausgegebenen und erklärten Rechnungen der Papyri Rollin der Bibliothèque nationale zu Paris in verbesserter Form und in einer dem heutigen Standpunkt der ägyptologischen Wissenschaft entsprechenden Weise behandelt würden, erschien schon lange als ein Bedürfnis. Auch Ref. hat für die Novembersitzung 1895 der Bibl. Archaeol. Society eine Arbeit über einen Teil der Papyri Rollin, die Bäckerrechnungen eingereicht, die bereits gedruckt in einem der nächsten Hefte der Proceedings dieser Gesellschaft erscheinen wird. Herr Dr. Spiegelberg hat es sich aber zur Aufgabe gemacht, sämtliche Rechnungen dieser Papyri in correcter Weise herauszugeben und zu kommentieren. Dabei ist demselben die . . . Verlagshandlung durch würdige Ausstattung zu Hilfe gekommen . . . . Ein Verdienst hat sich Spiegelberg erworben, dass er den von Pleyte falsch Ra-nefer-cheper-ka gelesenen Königsnamen als den Tutmes I Ra-aa-cheper-ka, an einer andern Stelle als den Amenophis II erkannte, und dass er eine Reihe ägyptischer Wörter teils neu, teils präziser bestimmte . . .» Literarisches Centralblatt 1896 Nr. 11.

— — Arbeiter und Arbeiterbewegung im Pharaonenreich unter den Ramessiden (ca. 1400—1100 v. Chr.). Eine kulturgeschichtliche Skizze. Lex. 8°. IV, 25 S. Mit 1 Tafel und 2 Abbildungen. 1895. ℳ 1 —

— — Die Ägyptische Sammlung des Museum-Meermanno-Westreenianum im Haag. Hrsg. u. erläutert. 4°. 29 S. Mit 5 Tafeln. 1896. ℳ 6 —

— — Die Novelle im alten Aegypten. Ein litterar-historischer Essay. Kl. 8°. IV, 53 S. 1898. ℳ 1 —

— — Der Name des Phoenix. (Sonderabdruck aus der Strassburger Festschrift zur 46. Versammlung deutscher Philologen und Schulmänner herausgegeben von der Philosophischen Fakultät der Kaiser-Wilhelms-Universität.) Lex. 8°. 4 S. 1901. ℳ — 50

Soeben erschien:

Minerva.

JAHRBUCH DER GELEHRTEN WELT.

HERAUSGEGEBEN

VON

Dr. K. TRÜBNER.

ELFTER JAHRGANG.

1901—1902.

MIT DEM BILDNIS VON OSCAR MONTELIUS, RADIERT VON JOH. LINDNER IN MÜNCHEN.

16°. 83 Bogen, Preis in Halbpergament gebunden M. 12.—.

Dieses Jahrbuch stellt sich die Aufgabe, authentische Aufschlüsse zu geben über die Organisation und das wissenschaftliche Personal aller Universitäten der Welt, sowie aller technischen und landwirtschaftlichen Hochschulen, ferner über sonstige wissenschaftliche Institute: Bibliotheken, Archive, archäologische und naturwissenschaftliche Museen, Sternwarten, gelehrte Gesellschaften etc. Ein vollständiges Register über ca. 32 500 Namen ermöglicht es, die Adresse und das Amt jedes einzelnen Gelehrten festzustellen. Die intensiven internationalen Beziehungen auf wissenschaftlichem Gebiet haben das Jahrbuch hervorgerufen und ihm bereits eine weite Verbreitung gesichert. Der Herausgeber ist seinerseits bemüht, es mit jedem Jahr vollständiger zu gestalten.

I.—V. Jahrg. herausgeg. von Dr. R. Kukula und K. Trübner; VI. und VII. von K. Trübner; VIII. und IX. von Dr. K. Trübner und Dr. F. Mentz; X. von Dr. K. Trübner.

I. Jahrgang 1891—1892. 16°. VI, 359 S. geb. M. 4.—.

Beschränkt sich auf eine Zusammenstellung des lehrenden Personals der Hauptuniversitäten der Welt.

II. Jahrgang 1892—1893. Mit dem Bildnis Theodor Mommsen's radiert von W. Krauskopf. 16°. VI, 827 S. geb. M. 7.—

Im II. Jahrgang wurde die Aufgabe des Buches dahin erweitert, dass die technischen, tierärztlichen und landwirtschaftlichen Hochschulen, die Forstakademien und sonstige gelehrte höhere Anstalten, ferner diejenigen selbständigen Bibliotheken etc., die für die gelehrte Welt von Interesse sind, mit aufgenommen wurden mit kurzen Notizen über Geschichte, Verfassung, Organisation, finanzielle Verhältnisse, Studiengang etc. Die meisten Angaben, die einer jährlichen Veränderung nicht unterworfen sind, namentlich die historischen, sind unter Verweisung auf Band II in den späteren Jahrgängen weggelassen, ebenso wurde in den späteren Jahrgängen verfahren; ***deshalb sind die Bände II—IX auch für die Benützer des X. Bandes von Wert.***

III. Jahrgang 1893—1894. Mit dem Bildnis L. Pasteur's, radiert von H. Manesse. 16°. XVI, 861 S. geb. M. 7.—.

IV. Jahrgang 1894—1895. Mit dem Bildnis Lord Kelvin's, radiert von Hubert Herkomer. 16°. XVI, 930 S. geb. M. 8.—.

V. Jahrgang 1895—1896. Mit dem Bildnis G. V. Schiaparelli's, radiert von Oreste Silvestri. 16°. XIX, 989 S. geb. M. 8.—.

VI. Jahrgang 1896—1897. Mit dem Bildnis M. J. de Goeje's, radiert von Therese Schwartze. 16°. XXIV, 1082 S. geb. M. 9.—.

VII. Jahrgang 1897—1898. Mit dem Bildnis Fridtjof Nansen's, radiert von Joh. Nordhagen. 16°. XXIV, 1130 S. geb. M. 10.—.

VIII. Jahrgang 1898-1899. Mit dem Bildnis von F. F. Martens, radiert von Joh. Lindner. 16°. XXIV, 1155 S. geb. M. 10.—.

IX. Jahrgang 1899—1900. Mit dem Bildnis von Charles W. Eliot, radiert von Joh. Lindner. 16°. XXXII, 1200 S. geb. M. 10.—

X. Jahrgang 1900—1901. Mit dem Bildnis von Wilh. Conrad Röntgen, radiert von Joh. Lindner. 16°. XXVIII, 1244 S. geb. M. 10,—

Preis der Jahrgänge I—X (statt M. 83.—) nur M. 60.—.

Die in den Jahrgängen II—XI enthaltenen Bildnisse (Kupfer-Radierungen) können auch einzeln im Papierformat 27×33 cm bezogen werden. Preis pro Blatt M. 3.—.

FSC
www.fsc.org
MIX
Papier | Fördert
gute Waldnutzung
FSC® C083411

Kolibri 360 GmbH
Ferdinand-Jühlke-Straße 7
99095 Erfurt, Deutschland
produktsicherheit@kolibri360.de